U0184551

Rick Owens

Rick Owens

瑞克·欧文斯
RICK OWENS

[美] 瑞克·欧文斯等 / 编
周义 / 译

重庆大学出版社

目录

12 LILY, LAS PALMAS AVE, HOLLYWOOD, 2001

14 LAS PALMAS AVE, HOLLYWOOD, 2001

16 LAS PALMAS AVE, HOLLYWOOD, 2001

17 LAS PALMAS AVE, HOLLYWOOD, 2001

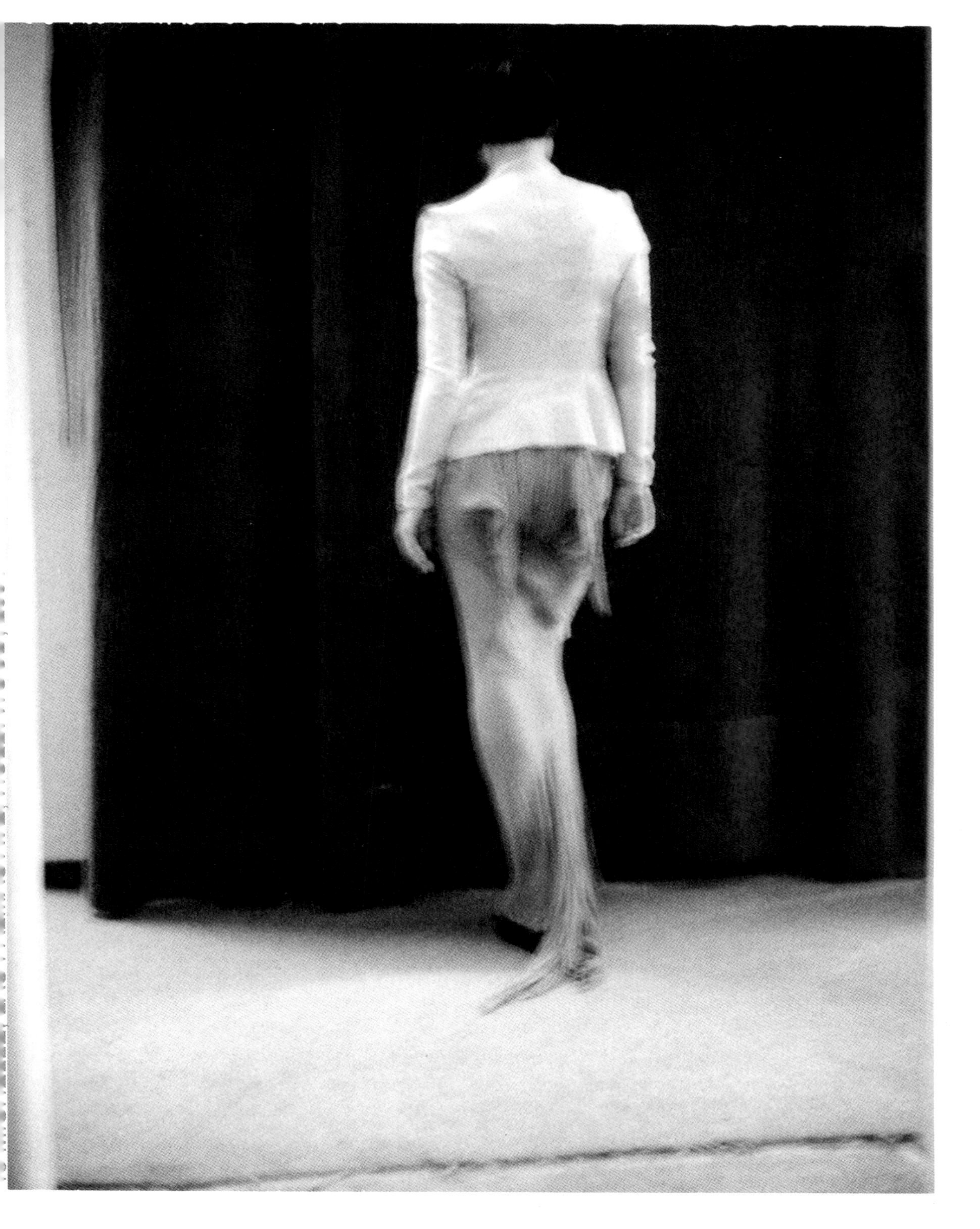

23 SPOTLIGHT CLUB

26 BRAD FIERCE PHOTO

27 GLADYS, STEPHEN,WANDA: ALBERT SANCHEZ PHOTOS. GODDESS BUNNY: JOHN LEE PHOTO. PEARL: RICK CASTRO PHOTO © ANTEBELLUM GALLERY HOLLYWOOD. MISTRESS ANTOINETTE: MASTER ZORRO PHOTO. RON, KEMBRA, JOLI: OWENSCORP PHOTOS

28 JOHN LEE PHOTOS, HOLLYWOOD, 2001

32 ANNIE LEIBOVITZ PHOTO SHOOT, U.S. VOGUE, 2002

34 BACKSTAGE, F/W 2002, NEW YORK

TXP 6049
53
KODAK TXP 6049
53
KODAK TXP 6049
54
11

36 JERA, PARIS, 2004

37 JERA, PARIS, 2004

43 RUE DE LAPPE, PARIS, 2002

44 PART DIEU, LYON, 2005

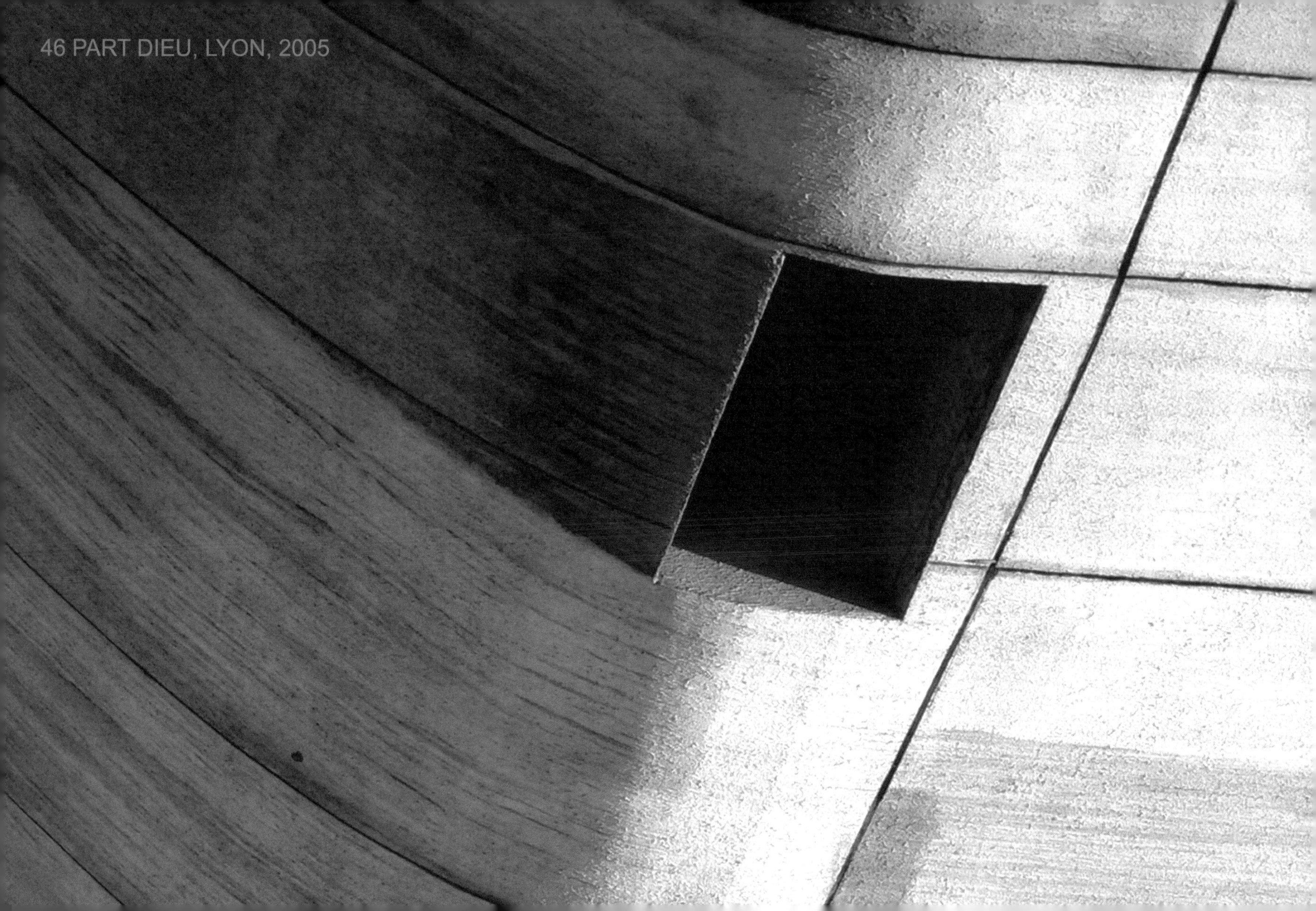

46 PART DIEU, LYON, 2005

每个时装系列的主题和秀场音乐采样列表

(音乐全部由杰夫·贾德混音制作)

2001 秋冬 SLAB
Iggy Pop Mass Production, Alice Cooper Sick Things, Godflesh for Those about to Rock
2002 春夏 VAPOR
Autechre Foil, Peggy Lee Let's Love, Type O Negative Summer Breeze
2002 秋冬 SPARROWS
Sisters of Mercy 1969, Ministry N.w.o., Alice Cooper Devil's FOOD
2003 春夏 SUCKERBALL
Autechre Silverside, Nine
2003 春夏 REVILLON
Autechre Slowdive Some Velvet Morning, Velvet Underground Venus In Furs, Aphex Twin/Bowie Heroes, KLaus Nomi Samson & Delilah
2003 秋冬 TRUCKER
Iggy Tonight, David Bowie Wild Is The Wind
2004 春夏 CITROEN
Mott The Hoople, Foxy Foxy, Mott The Hoople Hymn For The Dudes
2004 春夏 REVILLON
Siouxie And The Banshees Dazzle, Kraftwerk Trans Europe Express, Suicide Cherie, Creatures Hall Of Mirrors
2004 秋冬 QUEEN
Bowie V2 Schneider, Giorgio Moroder I Feel Love
2005 春夏 SCORPIO
Labelle Going Down Makes Me Shiver, Edgar Winter Group Frankenstein
2005 秋冬 MOOG
Lou Reed Sad Song, Stooges Ann, Iggy Calling Sister Midnight, Funtime
2006 春夏 TUNGSTEN
Jeff Judd Butterflies on Angeldust, Bowie Sweet Thing
2006 秋冬 REVILLON
Autechre Kalpol Introl, Wind Wind, Maetl
2006 秋冬女装 DUSTULATOR

Ellen Allien Augenblick
2006 秋冬男装 DUSTULATOR
Alice Cooper Hello Hooray, Alien Sex Fiend I Wish I Wuz A Dog
2007 春夏 WISHBONE
Creatures Slipping
2007 秋冬 EXPLODER
Trentmoeller Polar Shift, Go
2008 春夏 CREATCH
ROBAG WRUHME PONTIFEKKS, REX THE DOG MAXIMIZE
2008 秋冬 STAG
BLACK DEVIL DISCO CLUB I REGRET THE FLOWER POWER
2009 春夏 STRUTTER
AUTECHRE BASSCADUBMX
2009 秋冬男装 CRUSTMONTSERRAT CABALLE FINALE OF SALOME
2009 秋冬女装 CRUST
SPEEDY J BORAX, HAYWIRE, PURE ENERGY
2010 春夏男装 RELEASE
HUMAN RESOURCE DOMINATOR
2010 春夏女装 RELEASE
BOWIE MOSS GARDEN, NEUKOLN, SENSE OF DOUBT
2010 秋冬男装 GLEAM MOTT THE HOOPLE THROUGH THE LOOKING GLASS
2010 秋冬女装 GLEAM
QUEEN YOU TAKE MY BREATH AWAY, TRANCE GENERATORS BLOW
2011 春夏男装 ANTHEM
POLYGON WINDOW QUOTH
2011 春夏女装 ANTHEM
NATHAN FAKE THE SKY WAS PINK
2011 秋冬男装 LIMO
FELIX DON'T YOU WANT ME
2011 秋冬女装 LIMO
RON HARDY THE SPELL

注：上文有的是男装日程，有的是女装日程，所以有看似日程是重合的。

I-D 杂志关于瑞克 · 欧文斯的小访谈

(瑞克 · 欧文斯，以下缩写 RO)

年龄：42

职业：设计师。

你今天穿了什么?

RO→ 解构军装。

最近在忙什么?

RO→ 男装、女装、牛仔裤、皮草，都还是老样子。

你如何定义欲望?

RO→ 我不能把欲望和罪恶分开，因为我通常想干嘛就去做了，除非我知道我不应该这样。欲望通常意味着占有，而我希望抛下。

你觉得最性感的生物是什么?

RO→ 我觉得海洋生物通常给我很多满足感。

你觉得最性感的非生物是什么?

RO→ 德彪西（的音乐）通常可以唤起我关于欲望的记忆。

为了达成目的，你做过的最糟糕的事情?

RO→ 我杀了一个人。嗨，开玩笑的。

你年轻时的性幻想是?

RO→ 伊基 · 波普。

你以什么方式让自己最性感?

RO→ 我尽全力，把自己变成伊基 · 波普。

55 TERRY ANN, S/S 2008, PARIS

57 ASHA MINES PHOTO, REVILLON S/S 2006, PARIS

58 DAN LECCA PHOTO, REVILLON S/S 2006, PARIS

60 ASHA MINES PHOTO, REVILLON S/S 2006, PARIS

61 ASHA MINES PHOTO, REVILLON S/S 2006, PARIS

第四号 苦难（Schmerzen）

太阳呀，你每天晚上都哭，
直到你哭红了可爱的眼睛，
而你却对着沉落的海面之镜，
走向了早亡；
然而，你却在寻常的辉煌中
兴起，黑暗世界的荣耀，
像一个骄傲的，和征服的英雄。
啊，我怎能说我的心如此沉重：
难道太阳自己不会落山吗？
死亡带来生命，
悲伤带来幸福：
啊，我该怎样感谢你，自然，
是谁让我如此痛苦。

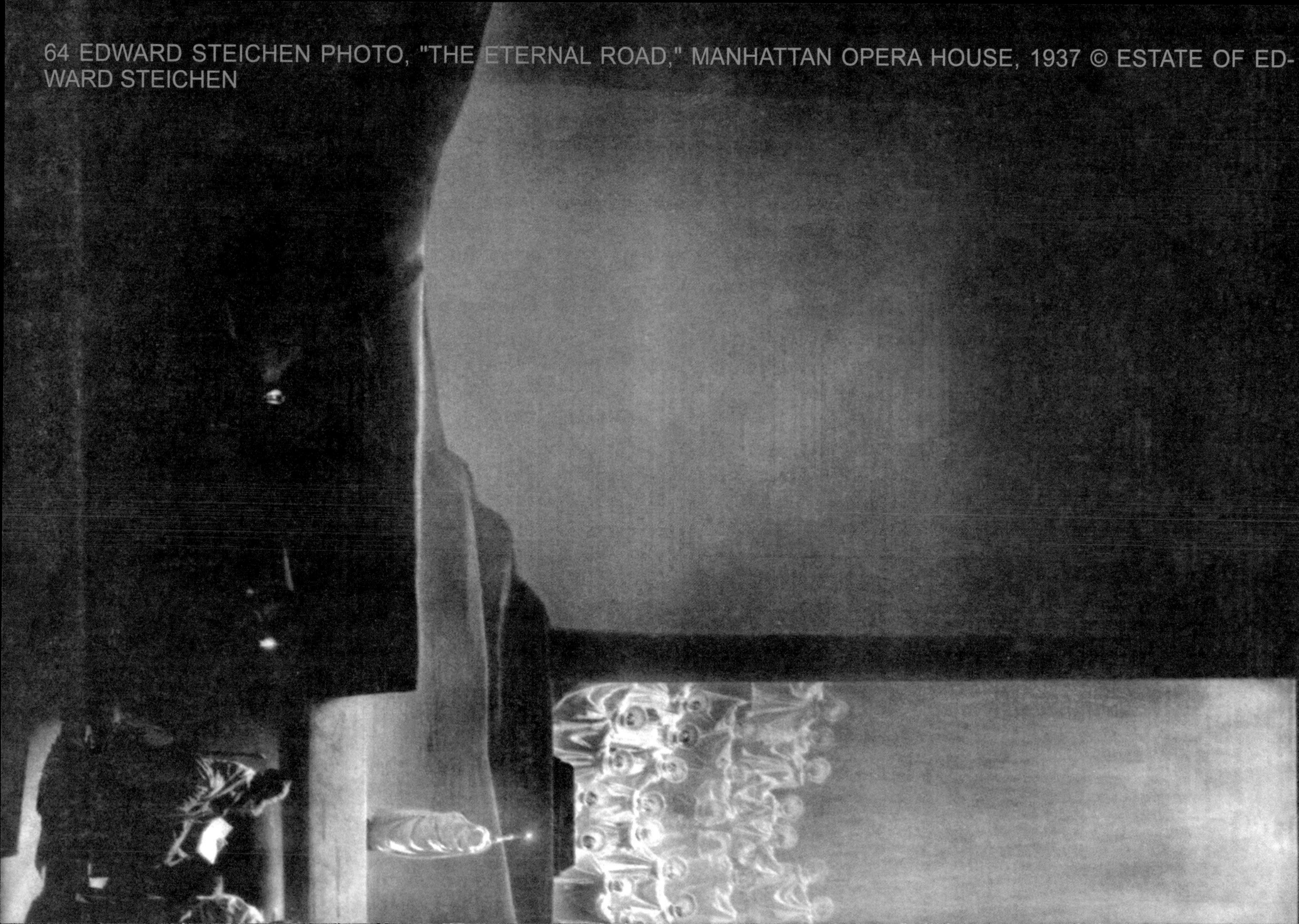

64 EDWARD STEICHEN PHOTO, "THE ETERNAL ROAD," MANHATTAN OPERA HOUSE, 1937

瑞克 · 欧文斯被侮辱的姿势

弗朗西斯科 · 博纳米（撰文）

我正在观看着这张瑞克 · 欧文斯的照片文件，看着他超现实的身体，赤裸着，真假瑞克面对面地紧贴着彼此。实际上假瑞克看着太真，以至于我很难分辨到底是谁在看着谁。我看着这张照片，给我留下了深刻的印象。并不是因为雕塑的逼真，而是因为他远离了低俗。这就是两个人，两个很像的人，看着彼此。看上去像是双胞胎。我不知道身为双胞胎是怎样一种感觉，但我猜你看着你的双胞胎兄弟时，你看到的是你自己，但你其实看到的是另一个人。你不知道要如何面对这种情况，但也许这就是为什么，它并不粗俗，甚至一点儿也不色情。它更像是一种镜像体验，自恋的，同时也是无用的。

你不知道该怎么处理它，这就是为什么，也许它并不粗俗，甚至不色情。它是镜像体验，是自恋的同时也是无用的。你告诉自己你看起来有多好，但这真的不重要；你总是需要别人来让你知道，其实你真的很漂亮。我看着这张照片，觉得自己少了些什么。他的姿势有些特别，尤其是活生生的瑞克 · 欧文斯的姿势。我不知道这是什么。我不得不放弃，让它过去。现在，我漫步在芝加哥艺术学院的会堂里，走进一个房间，里面放着法国艺术家让 · 安东尼 · 乌东的乔治 · 华盛顿大理石雕像青铜复制品。这让我想起了另一幅华盛顿的肖像，是查尔斯 · 威尔逊 · 皮尔 (1741—1827) 的一幅画。在雕塑和绘画中，凝视和身体之间都有一种特殊的关系，这种关系决定了主体的姿势。这就是我在看瑞克 · 欧文斯的肖像时所缺失的，凝视和姿势之间的关系。

我该如何定义这个姿势？华盛顿正在展望未来，展望一个愿景，一个梦想，一个美国梦。欧文斯是在回顾，在同样的视野和梦境中，后来变得更加黑暗和复杂。华盛顿从东向西，从弗吉尼亚到加利福尼亚。欧文斯的目光从好莱坞林荫大道向中西部地区望去，视域的方向发生了反转。但是他们的姿势到底是什么呢？如果华盛顿在某一时刻转过身，做出某种禁忌而又离谱的动作，我也不会感到惊讶。这无关紧要。他的姿态和欧文斯的一样，是一种庄严的现实。华盛顿的尊严是一种理想的现实。当现实不再那么理想主义，变得更加多变时，欧文斯的尊严受到了玷污。瑞克 · 欧文斯所说的疆域是关于身份的。他深入其中，仿佛这是他自己内心的西部。他对太空的态度很像美国人的态度，是一种移动的、流浪的、漂泊的态度。他的形象是美国印第安人、乔治 · 华盛顿和蒂姆 · 伯顿形象的混合体。他的目光中带有一种情色的忧郁。他的颜色就像电影《断头谷》(*Sleepy Hollow*)里的颜色一样，不是真正的颜色，而是黑色和白色，柔和，非常柔和，最后变成了深褐色。事实上，深褐色和灰尘一样，更像是一种感觉，而不是一种颜色。欧文斯凝视着美国文化的尘埃，而华盛顿凝视着美国未来的尘埃。而美国文化就像尘埃，它无处不在，它覆盖了一切，很多时候是看不见的，在其他时候是厚重的、白色的。瑞克 · 欧文斯体现了乔治 · 华盛顿的无穷变化。第一个美国英雄的姿态演变成了哈默电影公司恐怖电影的角色，在这些电影中，彼得 · 库欣、克里斯托弗 · 李或文森特 · 普莱斯等人总是带着宏大的尊严演绎着堕落英雄、黑暗英雄、哥特式梦境。通过对自己身体的赤裸和重复，瑞克 · 欧文斯表达了同样的欲望，在那些恐怖 B 级电影的叙事中，一遍又一遍地，一遍又一遍地，对永恒秘密的无尽探索，表达生与死之间的肉欲之争。身体相互滋养。华盛顿的凝视和欧文斯的凝视都是关于一种注定永恒的命运。华盛顿看着一条他不知道的日落大道；欧文斯来自夕阳西下的林荫大道，在那里，美国梦停止了，并开始倒退。你可以说，欧文斯的《诺玛 · 德斯蒙德 / 格洛丽亚 · 斯旺森》，比利 · 怀尔德的杰作《日落大道》（*Sunset Boulevard*），讲述的就是莱维安时装屋（Revillon Maison）。

欧文斯相当于同时饰演了乔 · 吉利斯 / 威廉 · 霍尔登和马克斯 · 冯 · 迈尔林 / 埃里克 · 冯 · 斯特罗海姆。回顾过去，推演当下。欧文斯和华盛顿都在思考一种尚未发生的记忆。他们喜欢讲一个没有人写过的故事。约翰 · 福特曾经说过，他只怀念那些他从未去过的地方。我觉得瑞克 · 欧文斯的哲学和时尚都有一种怀旧感。对尚未被发现的地方的怀念。华盛顿对一个不存在的国家的怀念。它是美国文化的美，是尘封的神话力量，是深褐色的英雄力量。这和我们欧洲人对一个我们从未真正了解的美国有着同样的怀旧之情。乔治 · 华盛顿的姿态是一个人想象着从东到西，将他的国家团结起来，结成一个美丽的蝴蝶结。瑞克 · 欧文斯的姿态是试图找出如何处理他的文化结构中的蝴蝶结，在那里，美梦和噩梦、欲望和挫败、性欲和天真都以同样的形式出现。让 · 安托万 · 乌东创作的乔治 · 华盛顿大理石雕像位于弗吉尼亚州里士满的州议会大厦圆形大厅里，它并不是一座纪念碑，实际上只是一幅画像。瑞克 · 欧文斯的多重身裸体肖像也不是纪念碑而是肖像照，这不是他物理身体的肖像，而是事关他自身的肖像。这是一个关于多重、孪生、反映和凸显其人格生活在自身主体内的肖像，不是他肉身这个主体，而是里面的每一个主体。

1855 年，一位不知名的雕刻家弗朗西斯 · 文森蒂为美国政府雕刻了一尊比希基（印第安语水牛的意思）的大理石半身像，比希基是齐佩瓦族印第安人的一位著名的有影响力的酋长。我喜欢想象一个房间里放着华盛顿的肖像、比希基的半身像和欧文斯的“喷泉肖像”。毕竟，它们都属于同一个故事，同样的怀旧，同样的残缺不全。直指前方，同一个未来。

© RICKCASTROPHOTOS, © ANTEBELLUM GALLERY HOLLYWOOD

19A
20

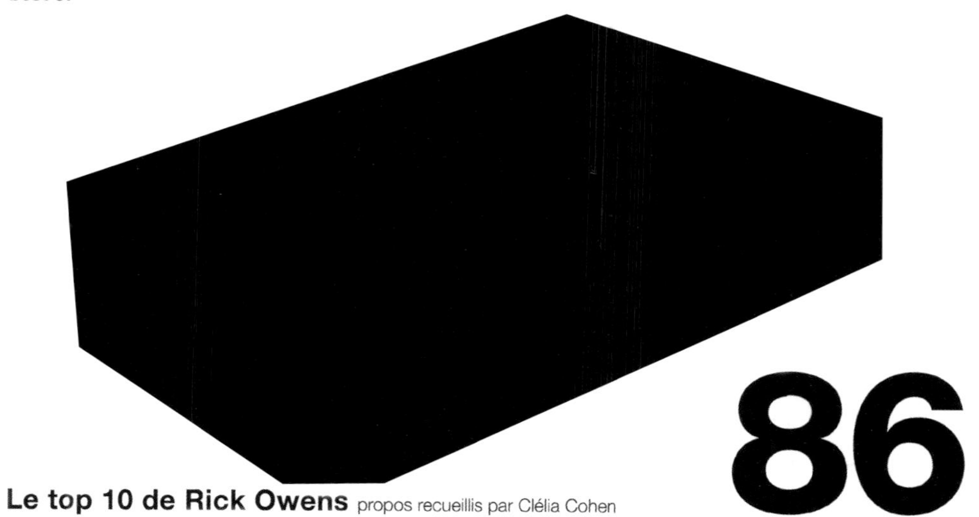

86

Le top 10 de Rick Owens propos recueillis par Clélia Cohen

Directeur artistique de Revillon ainsi que de son label propre, l'homme aux longs cheveux noir de jais nous offre une playlist dark à souhait. Mi-walkyrie, mi-glam-rock, elle dévoile surtout un incurable romantique.

David Bowie. *Sweet Thing*
J'ai grandi dans une petite ville très conservatrice de Californie où il ne se passait jamais rien. Cette chanson m'a rassuré : il y avait, quelque part dans le monde, une place pour moi. Cette sensation de familiarité immédiate face au glamour excessif de Bowie fut un sentiment partagé par beaucoup d'ados de ma génération. Notre bizarrerie était acceptée quelque part.

Iggy Pop. *Funtime*
Comme Bowie, Iggy semblait capter cet ennui abyssal, cette résignation dont les adolescents aiment le côté dramatique. Il y avait dans leur voix, dans l'humeur, une sorte d'élégance d'aînés, de ceux qui savent. Excessivement romantiques, décadents et diablement glamour.

Richard Wagner. *Liebestod* (*Tristan et Isolde*)
Quand on entend un air comme celui-là, c'est un envahissement de l'âme. Je ne sais pas qui peut résister. L'amour absolu, extrême : on ne peut pas aller plus loin que cela. Le climax est si fort qu'une fois atteint, il n'y a plus qu'à mourir. Un peu "creepy" et nihiliste aussi, donc.

Richard Strauss. Le "final" de *Salomé*
J'aime cette beauté renversante sous-tendue d'inquiétude. La musique de Strauss a une intégrité telle qu'elle peut tout faire passer, même l'histoire un peu ridicule d'une gamine de quinze ans qui fait décapiter celui qu'elle aime. Quand elle embrasse la tête tranchée, c'est un soap et un film d'horreur en même temps.

Klaus Nomi. *Death*
Sa manière de combiner le raffinement de l'opéra avec une attitude punk rock radicale me passionne. Ce mélange est un peu ce que j'ai toujours essayé de faire moi-même. Il ne quittait pas ses costumes dans la vie de tous les jours, tout chez lui était exagéré, excentrique. Cela m'a beaucoup inspiré.

Alice Cooper. *Sick Things*
Je l'ai passée lors de mon premier défilé, cela avait été un hymne de ma jeunesse : il y a dans cette chanson une défiance irrésistible. Elle est un peu idiote, mais conserve une forme d'élégance, bizarrement. J'aime sa théâtralité : un fuck you définitif à tout ce qui est supposé être normal. C'est assez enfantin, mais très satisfaisant.

Julie London. *Sophisticated Lady*
Je suis passé en une saison de dix boutiques à deux cent cinquante, d'un artisanat anonyme à la réalité du business de la mode. A ce moment-là, j'ai écouté Julie London en boucle. Les orchestrations rythmiques minimales et la chaleur de sa voix me procuraient le calme dont j'avais besoin durant cette période chaotique.

The Sisters of Mercy. *Lights*
Cela me rappelle ma période de nightclubbing intense, tendance goth : vêtements et vernis à ongles noir, drogues. On vivait la nuit et on dormait le jour, sans enlever notre maquillage ni nos costumes ! La réécouter ici et maintenant, ce que j'étais alors et ce que je suis aujourd'hui : toute la délicieuse nostalgie du contraste est là.

Giacomo Puccini. *Nessun Dorma* (*Turandot*)
Je ne sais pas de quoi parle cet air, *Turandot* n'est pas un de mes opéras préférés, et je n'aime pas spécialement Puccini ! Mais cette chanson, pas moyen d'y échapper. J'ai toujours les larmes qui montent en l'écoutant, c'est la pure puissance de la musique. Un secret magnifique.

Marlene Dietrich. *I Wish You Love*
Marlene a créé son personnage à partir de quelque chose qui n'existe sans doute pas. Sa voix n'est pas très agréable, mais elle parvient à la rendre spéciale grâce à ce qui l'entoure, à la mythologie qu'elle s'est inventée. C'est fait si soigneusement que vous y croyez. J'admire cette discipline et ce pouvoir. C'est le contrôle à l'état pur.

Boutique Rick Owens, 130-133, galerie de Valois, Paris Ier.

瑞克 · 欧文斯的十大金曲 席亚拉 · 科恩采访记录（张忠妍 译）

作为莱维安以及他自己品牌的艺术总监，这位有着黑色长发的男人为我们提供了一份相当黑暗的歌单。一半是女武神，一半是华丽的摇滚，它揭示了一种无可救药的浪漫。

大卫 · 鲍伊《甜蜜的事》*Sweet Thing*
我在加州一个保守的小镇上长大，那里从来都没什么大事发生。这首歌安慰了曾经的我：在世界的某个地方有我的一席之地。这是一种对鲍伊的过度魅力的天生熟悉感，是我们这一代许多人青少年时期的共同感受。我们的怪异在某个地方被接受了。

伊基 · 波普《欢乐时光》*Funtime*
像鲍伊一样，伊基似乎捕捉到了那种深不可测的无聊，那种青少年喜欢的戏剧性的屈从。 在他们的声音和情绪中，有一种年长者的优雅，懂的人自然懂。这是极度的浪漫与颓废，以及魔鬼般的魅力。

理查德 · 瓦格纳
《利贝斯托德（特里斯坦与伊索尔德）》
Liebestod（Tristan et Isolde）
当你听到这样的咏叹调时，这是一种对灵魂的侵袭。我不知道谁能抵抗这种绝对的、极端的爱：你不能比它更进一步。高潮是如此强烈，以至于一旦你达到高潮，就只剩下死亡。因此，这也有点令人毛骨悚然和虚无。

理查德 · 施特劳斯《莎乐美的“最后一幕”》
Le "final" de Salomé
我喜欢这种以不安为基础的惊人的美。施特劳斯的音乐具有这样的完整性，它可以传达任何东西，即便是一个少女砍掉她所爱的人的头颅的略显荒谬的故事。当她亲吻被割下的头颅时，这同时也是一部肥皂剧和一部恐怖片。

克劳斯 · 诺米《死亡》*Death*
他将歌剧的精致与朋克摇滚的激进态度相结合的方式让我着迷。这种混合是我自己一直试图做的事情。他在日常生活中从未离开过他的舞台服装，关于他的一切都很夸张、古怪。这给了我很大启发。

爱丽丝 · 库珀《病态的东西》*Sick Things*
我在我的第一个时装秀上播放了这首歌。这是我的青春之歌：这首歌里有一种无法抗拒的不信任。它有点白痴，但奇怪的是仍然有一种优雅。我喜欢它的戏剧性：对一切本应正常的事物的明确唾弃。这是很幼稚的，但非常令人满意。

朱莉 · 伦敦《精明的女士》
Sophisticated Lady
在一个时装季里，我的销售商从 10 家增加到 250 家，服装从默默无闻的手工艺变成了现实的时装生意。在那时候，我循环播放朱莉 · 伦敦的歌。最小节奏的管弦乐和她温暖的声音带给我在那个混乱时期所需要的平静。

慈悲修女会《灯光》*Lights*
这让我想起了我那段频繁的夜店生活，有哥特的倾向：黑色的衣服和指甲油。我们夜里活动，白天睡觉，不卸妆也不脱衣服！现在在这里再听它，当时的我和现在的我：所有美好的对比、怀旧都显现出来。

贾科莫 · 普契尼《今夜无人入睡（图兰朵）》
Nessun Dorma (Turandot)
我不知道这首歌是关于什么的，《图兰朵》不是我最喜欢的歌剧之一，我也不是特别喜欢普契尼！但这是一首无法回避的歌。我听它的时候总会流下眼泪，这就是音乐的纯粹的力量。一个伟大的秘密。

玛琳 · 迪特里希《我希望你的爱》
I Wish You Love
玛琳从可能不存在的东西中创造了她的角色。她的声音不是很悦耳，但她设法让它变得特别，这要归功于她周围的环境，她为自己创造了神话。它完成得如此细致，以至让人相信。我钦佩这种准则和力量。这是纯粹的控制。

于巴黎一区瓦卢瓦长廊 130-133 号，瑞克 · 欧文斯精品店。

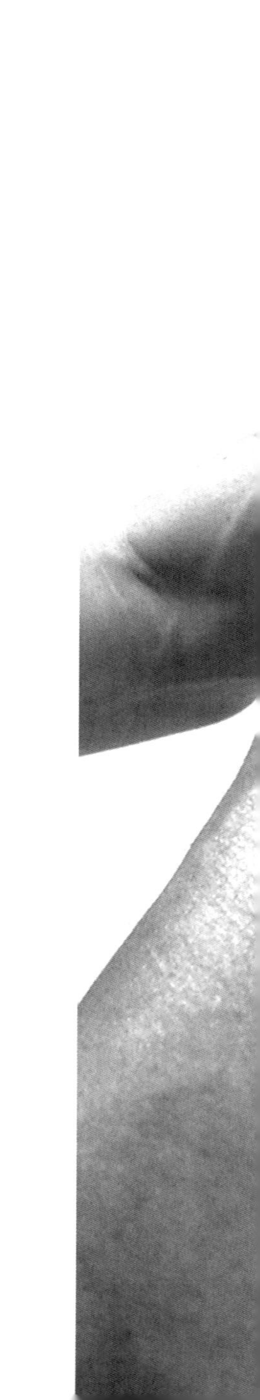

77 JERA, PARIS, 2007

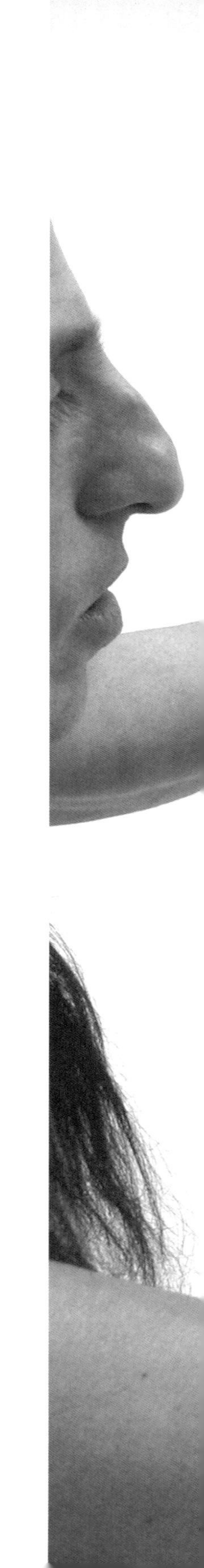

79 JERA, PARIS, 2007

81 JERA, PARIS, 2007

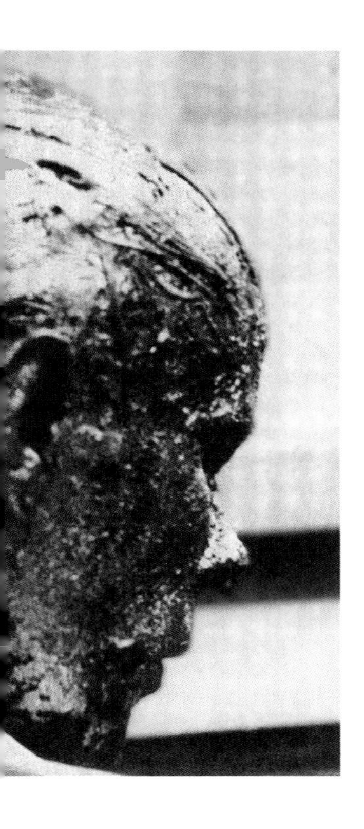

92 RICKCASTRO PHOTO, © ANTEBELLUM GALLERY HOLLYWOOD

卡尔·拉格斐与瑞克·欧文斯的对谈

（卡尔·拉格斐，以下缩写 KL）
（瑞克·欧文斯，以下缩写 RO）

KL→ 如果你不认为自己是一个反传统的人，你才能做到这件事。当你意识到自己可以的时候，你就不再是（那个打破常规的人）了，那么你就是一个机会主义者。

RO→ 我认为，对于那些拥有一切的人和一无所有的人来说，打破传统观念是很容易的。

KL→ 我敬佩那些在没有完全确信自己能做到的情况下，就先行动起来的人。我欣赏那些坚持以怪趣的方式着装的人，因为在这个世界上，这不是那么容易被接受的，这并不寻常。穿得普通一点也不费力。现在我们生活在一个观众多过演员的世界里。人们一直在观看，他们看电视，他们想要被逗乐，但鲜少有人选择成为一个表演者并为此付出努力。我觉得这种状态很奇怪。街上的游客应该也这样想。你觉得呢，瑞克？

RO→ 我觉得是，而你是可以应付自如的。人们来见你都还是有所期待的。你有很多话可说，你是某一类的偶像啦。

KL→ 可我不觉得自己是这样的。因为我如果是这样，那么就是这样的。三十年前，我就穿着一模一样的衬衫。对我而言，我觉得自己就是一个最普通、最接地气的人。反之，我对除此之外的事情一无所知。

RO→ 但你是生活在你的系列中，你是它们的一部分。我希望自己能够展示自己的衣服，也是因为我想使之成为一种生活方式的可能性。于我而言，这就是我的衣服之于自己的意义。

KL→ 这是件好事儿，且理应如此。我拥有无数的行头，从沙滩男孩到……各种样子。我一直很喜欢穿成现在这样剪裁考究的样子，这是我童年时代最初喜欢的模样。那时候我有一头卷发，戴着一个巨大的领结配西装，嗯，就是我念高中一年级时候的样子。

RO→ 那时候人们怎么评价你？

KL→ 没有人说一句话，只能默许。因为我父亲是当地最富有的人。只有一次，一个老师见到我母亲说，"你该跟你儿子说让他去剪头发"。她拽起他的领带，摔在他脸上回应道，"为什么？你是纳粹吗？"之后就再也没发生过类似的事儿了。

RO→ 那是关于风格的、很好的一课。

KL→ 一点没错，我母亲棒极了。我十一岁那年，当我跟她聊到爱情这个话题的时候，她跟我说，"无论你爱上什么样的人，都不是问题，就像人们拥有不同颜色的瞳孔跟发色一样正常"。这就是时装圈里的一个优点，这些话题都不是问题。你永远都不会显得太过奇怪、太过古怪、太与众不同。我痛恨平庸——时装起码是关于革新的，这并不是政治正确的口号。这没错，但没必要告诉全世界。

RO→ 我注意到在音乐上这点尤为明显。70 年代的时候，大伙儿唱的都是，"让我们狂欢，让我们跳舞，让我们共度一段好时光"。然后到了 80 年代，清一色地都变成了涅槃乐队那种，"我好痛苦啊，我为自己感到难过"。这和美国人有关，和所有的自救书籍有关，和对每个人的控诉有关。这种政治正确无处不在。

KL→ 而这正在扼杀这个世界。我觉得人们有一种强烈的愿望，就是让自己看起来政治正确。虽然大部分并不是真的这样。尤其在法国，通常会有这种非常非常政治正确的对话。但显而易见的是，他们嘴上这样说，但又觉得自己好像没有必要这样做。除非你尽全力去做到满分，否则不要来跟我说我们应该怎么做。

104 DAN LECCA PHOTO, REVILLON S/S 2004, PARIS

106 JEAN BAPTISTE MONDINO PHOTO, PARIS, 2002.

108 ASHA MINES PHOTOS, S/S 2007, PARIS

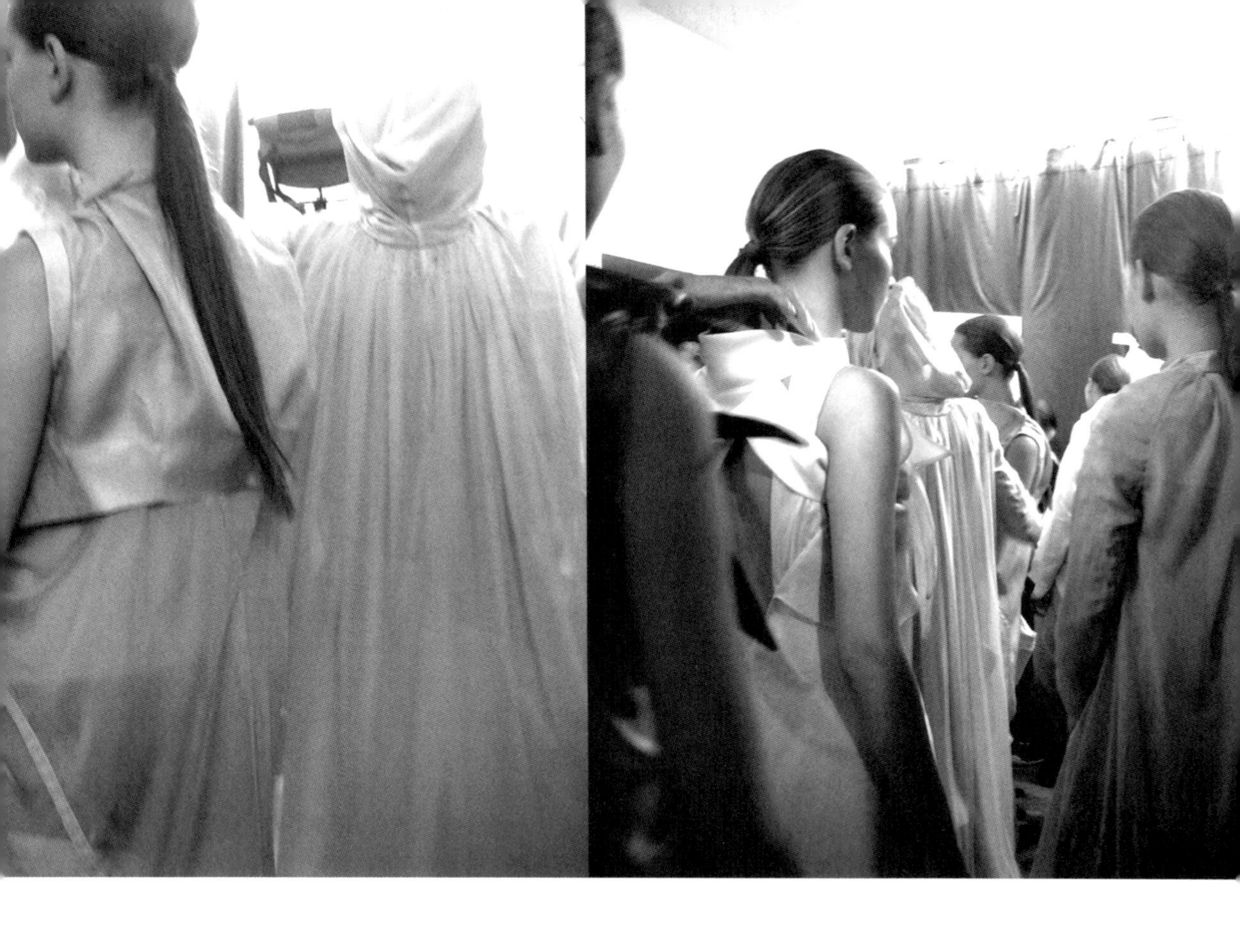

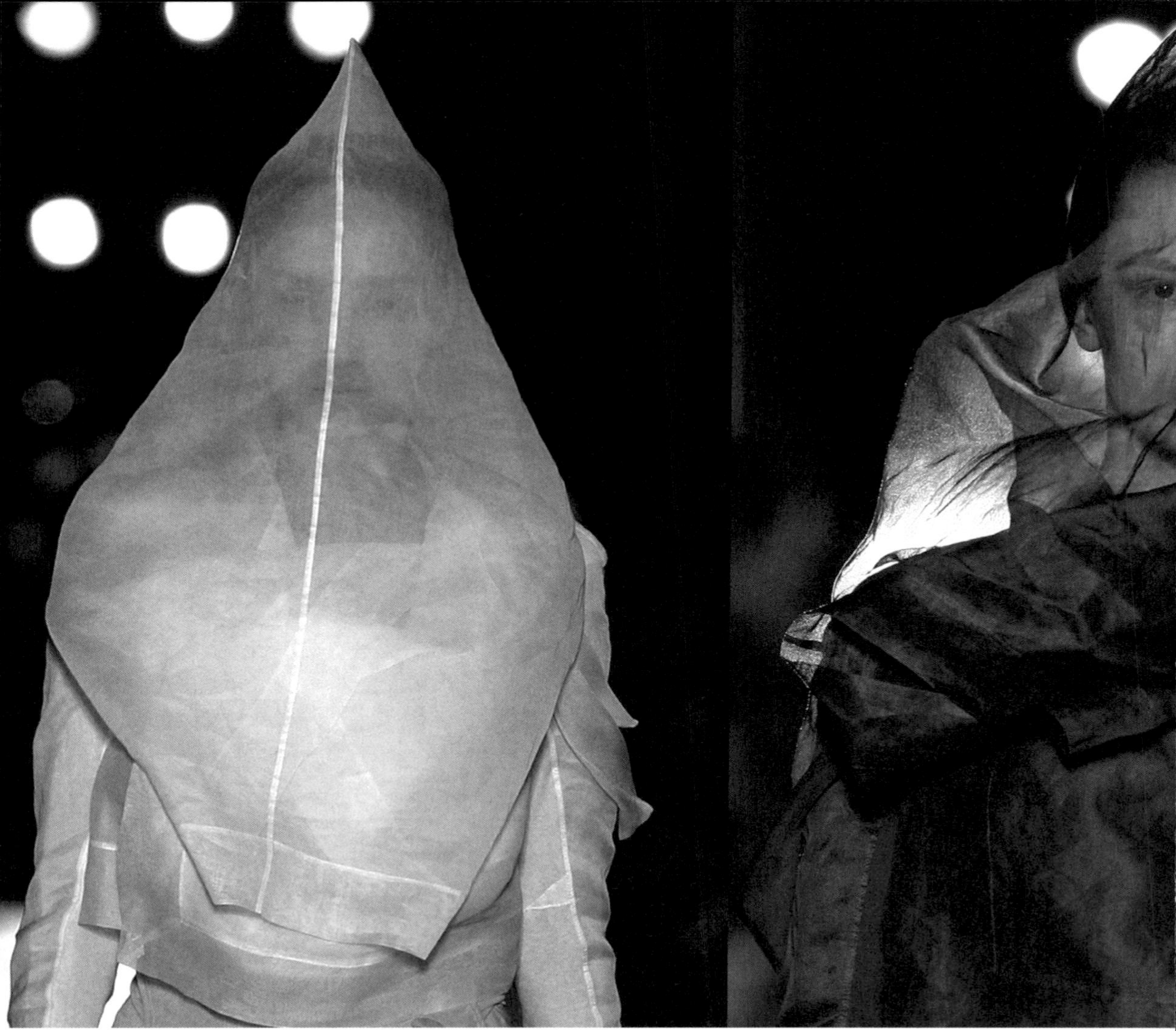

 DAN LECCA PHOTOS, S/S 2007, PARIS

PHOTOS, S/S 2007, PARIS

奥利弗·萨姆访谈瑞克·欧文斯

(奥利弗·萨姆，以下缩写 OZ)
(瑞克·欧文斯，以下缩写 RO)

OZ→你将自己视作一个艺术家，一个名设计师，还是一个商号？

RO→我真的不愿意把我的工作称为艺术。我认为它是三维的，所以它与建筑有关。这与造型相去甚远。它更接近雕塑，但我不会称其为艺术。当想起自己从事的事业时，我会联想到诗歌。称其为诗意的事情听起来虽然略显夸张，但严格地说我觉得我够得上。

OZ→我曾经在一些采访里读到你把自己比作象征主义作家。

RO→我喜欢法国作家，像普鲁斯特跟于斯曼。我读的是英文译文，所以根本不是同一回事儿。英文翻译是截然不同的氛围，通过美国的语汇来体会那种语言上的精妙技艺是一件很有趣的事情。某种程度上，这也是我正在从事的事情。我很欣赏欧洲文化，这对美国人而言就是很精妙的。巴黎时装也因此天下闻名。此时此刻，我作为一个美国人身处其中，与其共舞，让人目眩神迷。通过英文阅读法国文学就是一个非常有趣的演进。

OZ→某种程度上，你从这个系列到下一个系列的过程中不会有太多改变。相同的情绪或美学体系，这当中有一种表达上的延续性，这在当下并不多见，因为时装产业总是希望每一季都有新鲜的事情。这就又回到了艺术家的话题，你刚刚说到自己的工作与建筑设计关系紧密，那么建筑师又是如何根据当下环境来调整、建构自己的作品的。

RO→我认为那些给我留下好印象的人，包括时装设计师，总是带着自己的动机与主题在工作，他们会一次又一次地重新审视与调查（动机与主题）。当我发现一个设计师发生了巨大的改变时，我会觉得这很不严肃、轻浮。与此同时，我也知道这种轻浮在当下的时装圈有它的市场。人们希望看到轻浮的时装表演，我也常常会因为读到那些对我的时装表演感到讶异的评价，评论说我的系列太过严肃与压抑。我的意思是，我理解他们的严厉或严苛之处。我自己身处其中，所以无法客观地评价自己，这件事情只有身处其外的人才可以做到。我坚信这里面有一个连贯的线索将整个故事串联在一起，因为我会将其视作一个长久的对话或长篇叙事，每一季（时装发布）都是其中新的篇章。我希望成为这样一类设计师——你知道自己可以从他们那里得到些什么。我觉得人们会对那些有个性或很私人化的东西产生呼应，而我所做的就是有很强个人风格的东西。

OZ→这其实需要承担一定风险，不是吗？

RO→我不知道，至少在当下我还不是很确定。看着它如何发展也会是一件很有趣的事。我的搭档、我的销售人员与我一同分析它，了解这件事情会如何起效。好比，我们可能会有一段蜜月期，人们都只是称赞我。

OZ→那现在呢？

RO→嗯，蜜月期结束了……这很好，在时装圈我还是有一些值得信赖的朋友，他们对我非常诚恳。我刚刚踏足巴黎的时候，他们就对我关怀备至。开始的时候，他们会用比较含糊的方式告诉我，哪些人是会来找你麻烦的——有人想看你在巴黎失败。他们非常护着我。这些人在这个行业深耕多年，所以他们当然知晓这些事情。最近他们当中的一位跟我说，“好了，你已经撑过了开头，现在有些人觉得你有些太重复自己了，那样会让你看着有些无聊。这一段你就快要走完了，现在你只需要继续以自己的节奏稳步前进就行，只要你坚持做自己走下去，那些人就不会真的来抱怨你。他们知道你就是你，也就不会来烦你了，这就万事大吉了。”但是当我用销售表现来审视这一切的时候，钱自己会说话。销售数字不错，业绩持续增长。这才作数。时装圈里有一个小圈子，那批时装评论员是不切实际的。这个圈子可以是伟大的、神奇的、精妙的，但它真的与销售无关。而这件事的关键是：这就是个产业，而我们就是卖衣服的。我的意思是，我并不是兜售艺术品的。我真不是。只要人们都还在买衣服，那我的这套逻辑就没问题。

OZ→你以前提到过你有一种“破碎的理想主义美学”，这里要如何去理解？

RO→在我所欣赏的诸多艺术作品中，总是可见用或破碎或腐朽的元素来表现其脆弱与易碎。这些温柔的意向都是人们在表达时回避的，因为人们需要勇敢，要充满斗志、要直面挑战。我希望自己能够带给人们这种情绪、温柔、一些私人化的东西。我通过创作来表达这一切，因为这是我感兴趣的事情。

OZ→与此同时你有非常强烈与浪漫的愿景，一个非常纯粹的初心。

RO→是的。但更加吸引我的是，这一切所作所为都是徒劳无功的。因为我们全都终将逝去。你知道这意味着什么吗？我每天早上都非常感恩地怀着坚定的信念苏醒，我知道自己应该去做什么，因为我在追求一些东西，而我追求的事情已经足够理想主义了。很多人没有目标，缺乏动力或者找不到方向。有一个明确方向，有事可做是这个世界上最美妙的事情之一。那些无事可做又缺乏目标的人，不会快乐。

OZ→来到巴黎一定是一个巨大的变动，一开始你的作品是怎样被人所接受的？你会感到焦虑吗？

RO→现在回看我当时一点儿也不焦虑，因为那时候我根本没把这个太当回事儿。我的意思是，我一个来自好莱坞的设计师，就做一些“灰色的衣服”，还把这些衣服都放到了巴黎时装周的秀场上，还有比这更傻的事吗？这一切都太荒谬了，简直就是一个笑话。我的意思是，我没开玩笑，但我心里也有另一个声音告诉自己，他们只会给我这一次机会。所以还是让自己玩一票，尽兴就好了。

OZ→你对欧洲时装设计师是有意识地关注还是一切看缘分？

RO→我那时候已经知道他们了。起初，在美国我被人拿来跟马丁·马吉拉、安·迪穆拉米斯特相提并论。在美国，如果你不像卡尔文·克莱恩或马克·雅可布，你就会被人自动与马吉拉归为一类。不过这也说得通，全世界都一样。我的意思是，这些设计师跟我年纪相仿，我们听着差不多的音乐，也做着差不多的事情，所以肯定有一些相似之处。我们是同一代人。我们做的衣服也是为我们这一代人设计的。我们走在同一条大道上。要知道，没有人会刻意谈论别人做的那些一模一样的鸡尾酒会礼服——这些“夜店装”。我是说，我看不出这些设计师有什么不同。许多重要的设计师都在做着同样的事情，而我却看不到他们的特殊之处。所以，如果我在一个更小的群体中，有更多的身份认同，我认为这是一件好事。人们花了一段时间才意识到我和他们之间的区别，因为我在这里的时间还不够长。但我似乎专心做自己还把这事儿做成了，因为我们还在这儿。

OZ→当然了，你跟马丁和安之间还是有诸多不同之处，但你们也有相同的态度，那就是激进的个性。

RO→是的，但你知道，其实现在也算不上激进了。以前他们指责我过分前卫，但我并不前卫。对我来说，再日常不过了。我是在为我那一代人做衣服，与此同时我觉得旁人的视野太陈旧了。我的意思是，继 COMME des GARÇONS（此处用它指代川久保玲及其品牌）、马吉拉以及山本耀司之后，你看，他们已经做了这么久，我不过是在做一样的事情而已。我远远跟在他们身后，只是在这个圈子里，一个非常小的圈子里。事先声明，我不是把自己跟他们相提并论，因为在这个人群里我绝对是个新来的。

但在这片天地里，已经有很多人对当下做出了回应，这一类型的建筑，这一类型的音乐，这一类型的室内设计，所以我做的这些事一点儿也算不上激进。即便你觉得激进，在我看来也是非常基础的。

OZ→美国人是不是认为基础就是简单、易穿搭、合身、不做作，适合日常生活随意穿着？

RO→一个法国朋友曾经跟我说起，“我喜欢美国人的思维方式，因为在法语的世界里，我们惯于使用大量的词汇，用精心设计的句式来表达，等我们把意思表达清楚的时候，这个点子都已经放凉了”。但美国人很棒，因为他们非常直接。关键是，我觉得对一些欧洲人来说，美国人看着有点儿蠢，就因为我们有些太过直白了。我们像小孩儿一样说话不假思索。具体到我自己思考问题的时候，我的线性思维都是直线，没那么细致。但欧洲人往往有很多细致幽微的地方，这让美国人十分着迷。对我们来说充满了异域风情。我又说回到我们其实是把欧洲的高超技艺转录为更加直接的表达。所以我觉得自己在做的事情恰好是一种平衡。

OZ→你将自己视为一个美国设计师吗？

RO→我倒是觉得再也没有这种区别了。嗯，这么说好了，如果你在纽约，那么也许有。但我也不会认为自己是一个欧洲的设计师。但如果我在这里再待 5 年，我可能会把自己当欧洲人吧。我其实从来没有认真考虑过这个问题。我肯定不会把“巴黎”写在自己的品牌标签上。当然，我也不觉得自己会在短期内转战纽约时装周发布自己的系列。所以说我不确定这种分类究竟意味着什么。我只是尽职尽责把自己的活儿干好，我来巴黎也只是因为莱维安的工作。我们在意大利做了很多跟生产相关的工作，所以再从美国来来回回折腾也没有意义。米歇尔跟我，我们也不是那么情绪敏感的人。我们之前在酒店一住好几年，所以对我俩来说，打包行李很简单，想去哪儿随时都可以出发。这对我们来说算不上感情上的巨大变化。我们也可以随时回洛杉矶，或者到别的地方去。这都根本不是事儿，其实这样更方便。工厂在意大利，我经常往那儿跑，因为我很看重这一部分。

OZ→这很有意思，最近赫尔穆特·朗从维也纳搬到巴黎，又搬去了纽约，而你从洛杉矶跑去了巴黎……

RO→从洛杉矶到纽约，再到巴黎。我此前在纽约发布过两季作品。但你知道，我其实从来没有考虑过要办时装秀，从来没盘算过这档子事儿。美国版 *Vogue* 杂志给我们了这样一个机会。他们想要全权赞助整场时装表演，我没法拒绝。可我一旦开始办时装秀，那么就没可能停下来了。这不一定对。我也不是在指责任何人，只是这么做其实有点超出我的意料。

OZ→那是因为你的一切都是从洛杉矶开始，一切都起源于地下朋克的氛围里吗？

RO→实际上，我前几天为了联系一个洛杉矶的朋友专门去浏览了他的网站，我差点儿忘了这个网站有多棒。这可以叫作审美的虚无主义。80 年代的时候，我为了电影开始跟他接触。他搜集各种冷门的录影带，复刻然后放在网络上售卖。我刚刚下了一个大订单。这事儿让我想起我自己在洛杉矶的日子曾有这样一群人，现在他们也还在那儿。那时候还有罗恩·阿西，他做身体穿刺的表演。他获得过美国国家艺术基金会的赞助，但后来又撤回了。他之所以丢了赞助，是因为他是人类免疫缺陷病毒阳性，他把自己的设计刻在了自己的皮肤上，并且用纸拓印了自己的血迹，然后把这些东西挂在观众头顶的绳子上晾干。

OZ→这很危险啊。

RO→是啊，每个人都被吓到了。再后来，还有凯伦 · 布莱克性感恐怖乐队，肯布拉跟我一起拍了一张给 *Vogue* 的照片。这一切都与洛杉矶的这一群人有关。它是很极端，但也绚丽多彩。

OZ→那都是 80 年代初的事儿吗？

RO→贯穿整个 80 年代了。他们现在也都还在，只是核心成员不再是当年的那些人了。我觉得这跟拥有坎迪·达琳的安迪·沃霍尔电影工厂很像……我是说，当你开始了解这些人的时候，他们已经成了一段段传奇。洛杉矶的这一帮人很低调，因为洛杉矶是一个各界名流唱主角儿的地方。

OZ→时至今日，愈演愈烈。

RO→越来越，越来越……那时候洛杉矶是我最适合搞时装的地界，因为那是这个世界上最不应该出现我的衣服的地方。所以洛杉矶那时候是一个非常适合安静工作的地方。

OZ→那你有想过有一天会有一个女演员穿着瑞克·欧文斯的衣服去参加奥斯卡颁奖典礼吗？

RO→对此，我保持怀疑。

OZ→即便你有美国版 *Vogue* 的支持也不敢想？

RO→那我们会啦。他们非常支持我，但即使有了美国版 *Vogue* 的支持，我不够兴奋，也不够耀眼。我的叙事更加安静，不是他们需要的那种叙事风格。我跟他们保持了很好的友谊，但我并不是他们名单上的前十。

OZ→那你在洛杉矶地下圈子的时候，给你的朋友们做过衣服吗？

RO→有，但我记不得有哪些特别值得一提的了。那时候一直都在忙着卖衣服，先是卖给那些朋克风格的小店，再后来卖进了高级时装店。

OZ→当时的你是否有走出地下圈子一炮而红的野心？

RO→我想都不敢想。我是说，对于我跑到巴黎来做衣服这件事，没有人比我自己更讶异了。我也从来没想过自己可以成功。我当时觉得自己应该可以做点儿东西出来，关于生意的全盘考虑也就是只要我还能持续地做衣服，并且让这些衣服走到全世界，让它们吸引到对的人，那么也许我们就能一起把这些事儿做成，而事情也一一应验了。这在当时其实是一个很幼稚、有些过分简单的方案。

OZ→与此同时，你还是收获了一批名人的支持，他们穿着你的衣服亮相。

RO→是的，名人们穿我的衣服，但它们并没有带动销售的大幅增长。我那时候也不需要还银行的贷款，所有的应付款项都是我自己来买单。这一切直到我拿了特许权协议，才有所改变。我并没有一定要这样。有人找上门来。就是这样简单地发生了。

OZ→你不是还说起过好莱坞黑白电影的影响吗？

RO→是的，当然。说来有趣，他们与乔治·阿玛尼差不多都是我的参考对象。每个人一提到好莱坞的璀璨星光都会自然而然地回想起那个年月。我觉得，这就是作为灵感着装方式的蓝图或者教科书，或者说这就是人们真正想要成为的模样。就像教科书一样。非常简单。就是人们想要的那样。

OZ→你指的是 70 年代的阿玛尼吗？

RO→70 年代的阿玛尼跟现在的阿玛尼。在他很多的作品里你还是可以看到 40 年代电影明星们带来的影响。我提到这些是因为他如此坦诚地承认自己受到了这些影响。当我说起一些经典的台词，你可以反反复复地引用它们，我的意思是，它们差不多就是从那里来的。

OZ→但是当你观察你自己的衣服的时候，这种影响好像就没有那么明显了。

RO→是的，好吧，有时候我觉得其实还挺明显的，有时候再看又不是那么明显了。我的确做了很多斜裁的、立裁的、贴身的东西。那种修长的廓形对我而言就是非常的古典。某种意义上来说，我很高兴自己没有做得太陈词滥调。你需要一分钟的时间来体会其中古典的神韵。但我的确认为好莱坞大道曾经对我产生了巨大的影响，我一直生活在那里，因为对我而言，它曾太过神秘。回想起来，那时候其实还挺危险的。真的是又脏又臭。时至今日，完全不一样了。有一次，大概是晚上九点多我在好莱坞大道上散步，穿着黑色厚底靴和一件斗篷式的黑色天鹅绒外套，搭配了一条穿过我鼻子跟耳朵的念珠链。那天我正好是去看妮娜·西蒙的路上，她在好莱坞大道上一家爵士乐俱乐部有演出。

OZ→那时候留长发吗？

RO→没有，我剃了头，留了一个朋克钉子头，还化了个大浓妆。于是我沿着街一路走，天很黑，然后有一个流浪汉从一个门口跳出来。他也不是真正的跳出来，而是摔跌出来，而我正好路过，他看着我说"整个世界都是你的了，就在跟前"。这太妙了，不是吗？缩在黑色天鹅绒大衣里的我是这么觉着的。

OZ→所以你自己穿衣服的方式，你会穿出门的样子，也曾是你的时装灵感来源吗？

RO→它曾是，但不是关于时装的。这是关于一个完全沉浸式的世界。所以如果我喝酒，我通常早上喝。我下午喝。我全天持妆。我睡觉的时候会戴着手套。在梦中这是一个完整的整体。这就是我工作的方式方法。我生活中的一切，我工作中的一切，都是紧密相连的。当设计师刚刚完成了一系列造型着实夸张的女性形象，在时装秀结束之前出来谢幕时，却穿着牛仔裤跟T恤衫出来了，这会让我很不爽。我不爽的点是，好比你可以说自己是这样的人，但却没有胆儿做这样的人。我的意思是，如果让我的人穿着高跟鞋出来，那么我自己也会一直穿高跟鞋。我尽量不为了赚快钱而去做事，我是认真的。

OZ→这真的是你的处世之道吗？

RO→这全都是这个故事的一部分。

OZ→你做了很多尝试、变装、夜生活，但现在的你走出了地下的状态。你是一个怀旧的人，还是想以一种更安静的方式抵达你自己的生活。

RO→我总是跟那些把自己戒干净了的人开玩笑，然后告诉他们说当他们清醒的时候做出来的东西糟透了。我确信如果换作是我，结果一定会是这样。是的，那会儿我喝了很多酒，但那时候的我总是告诉自己这是创造性生活的一部分。我还是很高兴自己当年这么做了。我当时玩儿得很开心，感觉拥有了一切，直到身体感觉不太好了。如果身体还跟过去一样感觉良好，我估计会一直这样持续下去。我的身体不能承受更多负担了。而我也意识到自己其实完全不必如此。我一样可以通过其他的渠道来探索极限，保持极端的状态。我现在有别的追求了。但我依然在创造一个梦想。只是更加个人化。现在这项目也越做越大。就好比以前是在装修一大宅子里的一个小房间，而现在你是在装修整个大宅了。它更极端，也更让人有满足感。我没觉得把自己给卖了，我也没觉得自己变得无趣了。我倒是觉得自己在向前跟成长。我还是很想去跳舞——如果可以我愿意每天晚上去跳，但是像样的派对都是凌晨三点才开始。我的意思是，我不可能那样干活。我必须得早上干活，早上七点钟当我清醒的时候，在我最安静的时候。我喜欢伴着鸟鸣，喝一杯咖啡展开新的一天，然后开始工作。我不可能像以前那样玩通宵，或等到凌晨三点再去跳舞。我的意思是，如果他们可以夜里十点钟准时开门营业准时开局，那我可以每天晚上都去。

OZ→别难过了，巴黎现在也没什么俱乐部。

RO→我不信，但我可能也不会再去这一类的俱乐部了。我现在更想去那种有一个小舞池的变装小酒吧。那才是我喜欢去的地方。我不喜欢需要在门口大排长龙，然后有一个看门的会让你进的那种地方。我喜欢更垃圾一些的地方，我确信这样的地方甚至是在郊区才会有年轻人去跳舞。

OZ→那些地方可不垃圾，但很危险。

RO→是啊，但他们可能会更有意思。

OZ→让我们来聊聊你设计中关于性的潜台词吧。我真正欣赏的是这里面没有明显的性暗示。它更微妙一些，给人以性的感觉，有时是暗黑的，但很美妙，有时候又是难以名状的。我记得自己有一次找到一条你做的裙子，一条筒裙，前后都有开衩，真的是一个惊喜。我是想说，你的双性恋取向并不是一个秘密，而我认为性取向对于你的工作而言，更像是一个需要确认的大号注解。因为这当中有一种对个人隐私的迷恋……

RO→我不确定这当中是不是有对个人隐私的迷恋，因为连法国都有真人秀了。比起以前，人们对自己更加坦诚了，但这并不是告诫忏悔。只是我们想要更加真诚地行事。我可能应该保持更多一点神秘感，但我觉得对我自己来说还是直接一点更好。我乐于让人们能够从我从事的工作中分辨出属于我非常个人的部分，这是我在努力达成的很重要的一部分目标。

OZ→通常来说，当时装跟性产生关联，你就立刻会变得有些老套，比如虐恋时装、坎普时装、同志时装，很明显你可以将这些分门别类。但你的作品，其实不容易归到某一类。这当中有一种非常隐晦的表达，同时对男人跟女人都奏效，很暧昧不明。你怎么看自己作品里关于性的潜台词？

RO→我的理解这里有些许温柔。当你年轻的时候，我猜你多少会更冷酷一些。

OZ→相比死亡，人们更多会想到性吧。

RO→不，我不这么觉得。死亡与性一样让人着迷。人类一切的所作所为都是在抵抗死亡，或者处在对死亡的恐惧之中。这就是一个结局，好比一条终点线，你可能时间用完了，也可能你还年轻，身体健康。我听说人类是唯一一个对自己的死亡有知觉，并且会感到害怕的物种。我认为动物会本能地对危险做出反应，但它们对于死亡并没有意识。但人类会担心，会害怕，甚至会着迷。那些奥秘也会让我着迷，所以某种意义上来说，藏在我衣服当中的潜台词都会跟这两件事有关系。在死亡中，会有一些微妙的沉痛感与破败感。当人们说我太严肃的时候，说我做这些看着很丧气、土褐色的衣服，嗯，是的，是有一些抑郁，但没关系，这就是我想要讲述的故事。

OZ→你几乎不用彩色，或者说少用，或者说只用一抹。

RO→嗯，我真的不太懂色彩吧。

OZ→对我来说，这与性或死亡无关，而与景观有关。我认为，在你的设计背后有这样一个景观。它是一片沙漠，还是其他类型的美国景观？

RO→如果要非常具体的话，我会说，我看到一个人穿着我的衣服出现在弗兰克·劳埃德·赖特或奥斯卡·尼迈耶设计建造的房子里。那当然是最梦幻的状态啦。但我的景观才是真实的景观。我之所以不用太多的颜色是因为这个世界已经有颜色了。我不会假设我的衣服出现在一个白茫茫的房间里。我会设想衣服出现在这个世界里，而外面已经有足够多的颜色了。我用不着在我的诸多系列中用到太多颜色，我更关心的其实是廓形。每当我看到很多颜色的时候，我就会有些吃不准。唯一例外的是20世纪70年代的伊夫·圣罗兰。在他那里我才觉得颜色起到了很重要的作用。那些颜色很恶心，很可怕，简直太可怕，但事实上又并非如此，所以在这件事情上他是个天才。后来的拉克鲁瓦有时的用色也非常棒，我真的很喜欢，但他俩之外的其他人，看起来就……

OZ→另外，你不把灰色跟米色当颜色，这是不对的。

RO→有一个我用的颜色，我给它取名“灰尘”，对我而言它就很优雅而且很温暖，饱含着柔软，非常的温和。这才是我关注的颜色。你知道的，大家穿黑色太久了。灰色，那种特殊的灰色，才是我的颜色。里面有一些神秘，充满了魔力，像日出或日落，迷雾一般，这完全就是我想要表达的。所以我一而再再而三地用这个颜色。

OZ→你画画的时候是不是研究过灰色，或者做过配色研究？

RO→我不知道，可能吧，但我画画的时候，更关注的点是图形，所以更多地用黑与白，也更加具象。随着我年龄渐长，灰色的东西也在进化。年轻的时候，你有自觉重要的观点想要表达，所有人都得听你的，你想要教所有人，你比其他人都聪明，非常理想主义。然后我长大了，我就安静下来了。我现在的任务就是闭嘴，做自己的事情。现在的我看到大家各得其乐就很开心，我觉得每个人都有自己的路。我想我跟灰色这场恋爱也正是始于这种颜色带给我偏爱的平静、安宁与温柔。那也是我穿了很多年黑色之后的事儿了，所以……

OZ→说回来，潜藏在你设计里关于性感的潜台词，就像你使用动物皮毛的方式，好比皮革或者皮草。你是否真的喜欢某种特定的体感，甚至是某种不太舒服的体感，比如摸到蛇皮的那种感觉？

RO→我常说，对我个人而言衣服上身的感觉要比视觉更重要些。为了某个造型创造某种特殊体感，我对这种事儿也没什么兴趣。我是希望他们穿上这件衣服的时候像是轻轻地爱抚。我在回想我是如何看待 3D 剪裁的，因为当我考虑怎么做衣服的时候，这其实是一个身体的包裹，身体的塑形、身体的爱抚。然后我会联想到它带给人的触感，这就跟接触面与质地有关了，因此所有要素都以触觉的方式紧密相连，充满了情感，像爱抚一般。

OZ→因为你处理时装的方式当中还有一些很原始的东西，衣服也是一种保护的元素，就像第二层皮肤，好比你会永远穿着它们，因为你只有这些衣服，不穿就会没命。穿你的衣服会让人感觉到自己与穿衣这件事最原初的关系。

RO→我想是的。但在衣服里的时候，我也会有一种赤裸的知觉。好比，我无法想象外面穿着我的衣服，而里面穿的是涤纶材质的胸罩。我无法想象有人穿着传统样式的内衣，或者卡尔文·克莱恩的内衣。就不合理嘛。

OZ→所以，不穿内衣？

RO→不啊。就是看着以为是穿了的，轻轻一拽，结果没穿。不是那种性的方式，而是一种非常自由的方式。那种衣服在身上自由移动的形式会让你对自己的躯体有很好的认知。你如果觉得这些衣服有性暗示在里面，那么其实是因为处于被观察的状态。但我觉得穿上它们的那种贴合感其实是关乎肉身的，以一种赤诚的形式，也是一种让自己舒服的形式。不觉得自己胖，因为没有什么太紧的地方提醒你胖，不论是谁做的衣服，你觉得胖，那都是因为做衣服的人做得太紧。所以我认为这里存有一种延展性，物料以最终包裹你的方式来裁剪。

OZ→你赋予人们以自由。

RO→是的，这很现代。

OZ→莱维安是你的工作在更为高级的时装背景下的延伸吗？

RO→是的，这近乎更为恋物癖了。因为皮料也越发稀少。

OZ→所以这是一个好机会，可以用更为复杂的工艺以及更加奢华的材料，对吗？

RO→也让我更加狂野。

OZ→我其实很惊讶，他们会让你完全按照自己的意愿来行事。

RO→为什么？

OZ→因为我本以为他们会要求你从他们是谁、莱维安是谁开始，而不是从你是谁开始。所以你相当于接管了这个品牌。

RO→但他们其实谁也不是。你对莱维安有什么印象么？我敢打赌，你想到的都是老奶奶的大衣。

OZ→是的，没什么记忆点，但这意味着什么呢——非常保守、非常传统的皮草。而且这跟你的设计完全背道而驰。这就是为什么这种组合给我带来了惊喜。

RO→你知道，没有一个当代女性会想要穿样式传统、形象保守，好像一个老女人十年前买下的大衣。这不是当代女性的现状。我不会为了哗众取宠而做任何看似激进的事情。我所做的事情，我自认为还是非常尊重女性的，这也是对那些会买这些东西的女性的尊重。

OZ→就像马吉拉为爱马仕做的那样？

RO→是的，那些东西非常美。看上去非常沉静，也十分简洁。外面已经有些非常有实力的皮草公司以人们期盼的方式来制作皮草了。有传统的皮草市场，这些公司就在做这些事情。他们比我们强得多了，那我为什么要去跟他们竞争？

OZ→从我的观感而言，你跟莱维安在做的事情让我想起了 20 年代或 30 年代那种微妙的感觉，就是那个时候女人们穿着皮草的方式。

RO→这恰好就是我在想的事情，那些来自世纪之交的女人们。我去了莱维安的档案室，那里藏有不同时期的历史资料。而且这一切都始于 18 世纪阿拉斯加的皮草贸易。他们有这一块业务。然后 19 世纪，开通了铁路。
再然后就是世纪之交的巴黎社交圈。后来就是 20 世纪 40 年代，转而来到 70 年代的迪斯科风靡时期。然而我最心动的还是世纪更替的那一段日子，新艺术运动
时期，人们穿着垂坠感十足的大衣，衣着华丽，可能也没什么革命性，
我做的就是比较古董的感觉。

OZ→古典里带着一抹现代的感觉，这很难得。你应该以此为傲了。

RO→是的，莱维安做得很好。这对瑞克 · 欧文斯品牌的系列而言是一个很好的平衡，我非常荣幸可以同时完成这两个项目。

OZ→但比起请你来看看能帮他们做点儿什么来说，让你放手做自己的确风险更高啊。这是一个充满了敬意的决策。

RO→嗯，是的。我对他们的皮草制作工艺也充满了敬意。我完全不会忽视皮草产业里的能工巧匠。事实上，我要赞美他们。我用到了皮草结构的技术。我必须披露这件事情，并且赞美他们。我绝对尊重这里的一切。

OZ→而最让我为巴黎感到骄傲与自豪的是，时装企业仍可以做出这样的决策。

RO→虽然我真的不太清楚他们收获了什么，也不太理解他们究竟承担了怎样的风险，但我想他们现在一定很满意。

122 EKA TERINA, PALAIS BOURBON, PARIS, 2006

124 IL VITTORIALE, 2008

GABRIELE D'ANNUNZIO

1863 1938

126 IL VITTORIALE, 2008

131 SONNY VANDEVELDE PHOTO, F/W 2007, PARIS

139 CRAIG MCDEAN PHOTO, INTERVIEW, 2008. © CRAIG MCDEAN/ART+COMMERCE

TERRY RICHARDSON PHOTO, *PURPLE*, 2008. © TERRY RICHARDSON/ART PARTNER

142 KATYA, METROPALAIS, 2008

45 STRUTTER S/S 2009

147 STRUTTER S/S 2009

149 DAN LECCA PHOTO, S/S 2009, PARIS

153 NIKLAS AND SIMON, PARIS, 2009

154 ASHA MINES PHOTO, S/S 2009, PARIS

157 DAN LECCA PHOTO, A/W 2009, PARIS

158 MARCIO MADEIRA PHOTOS, A/W 2009, PARIS. © MARCIO MADEIRA/ZEPPELIN

159 MARCIO MADEIRA PHOTOS, A/W 2009, PARIS. © MARCIO MADEIRA/ZEPPELIN

161 URSUL, PARIS, 2009

MARIANO VIVANCO PHOTO, WONDERLAND, 2010. © MARIANO VIVANCO/JEDROOT

163 BRUCE WEBER PHOTO, LOVE, 2009. ©BRUCE WEBER/ LITTLE BEAR

165 KONRAD, PARIS, 2009

RENE HABERMACHER PHOTO, SANG BLEU, 2010. © RENE HABERMACHER

168 ASHA MINES PHOTO, S/S 2010, PARIS

179 ASHA MINES PHOTOS, S/S 2010, PARIS

181 ASHA MINES PHOTO, A/W 2010, PARIS

183 PARIS, 2010

184 BERLIN, 2008

186 BERLIN, 2008

KACPER KASPRZYK PHOTOS, PARIS, 2010.

191 MIKAEL JANSSON PHOTO, 2011. © MIKAEL JANSSON

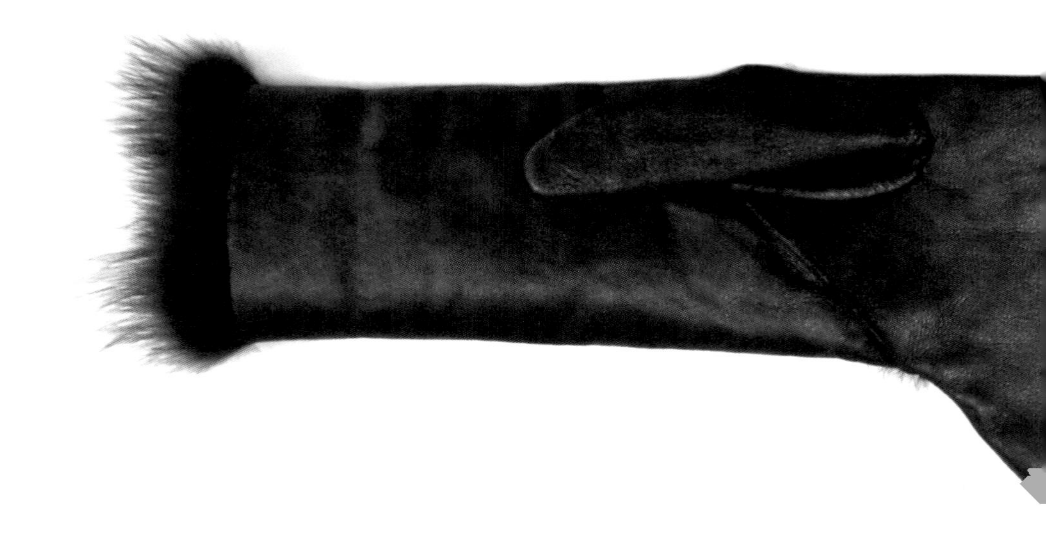

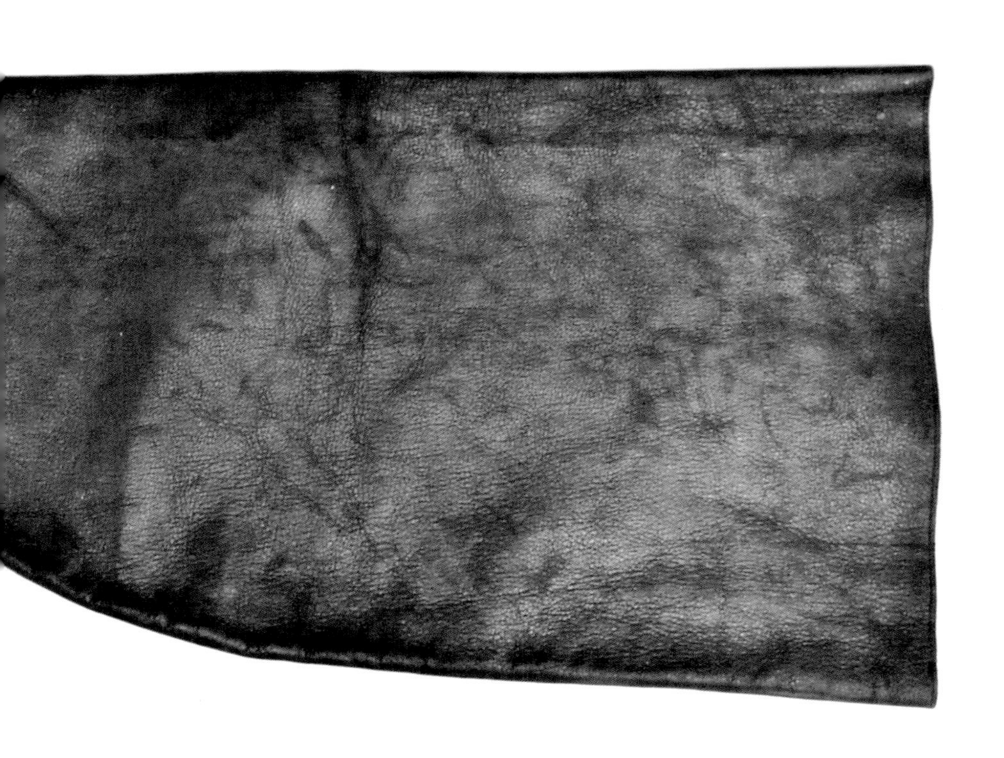

194 CLEMENT LOUIS PHOTOS, PARIS, 2010

195 CLEMENT LOUIS PHOTOS, PARIS, 2010

196 CLEMENT LOUIS PHOTOS, PARIS, 2010

197 CLEMENT LOUIS PHOTOS, PARIS, 2010

198 ASHA MINES PHOTO, PARIS, 2010

200 ASHA MINES PHOTOS, PARIS, 2010

201 ASHA MINES PHOTOS, PARIS, 2010

203 MARCIO MADEIRA PHOTO, F/W 2010, PARIS. © MARCIO MADEIRA/ZEPPELIN

我喜欢
兜帽所蕴含的
简洁与
普适性：
耶稣戴兜帽，
投弹手戴兜帽，
葛蕾丝·琼斯
穿兜帽，
但丁也穿兜帽。

205 ASIA, PARIS, 2010

206 ASHA MINES PHOTO, S/S 2011, PARIS

208 KONRAD, PARIS, 2010

210 KONRAD, PARIS, 2010

212 NAPLES, 2005

215 ASHA MINES PHOTO, S/S 2011, PARIS

瑞克·欧文斯与安德烈·莫洛德金的对谈

瑞克·欧文斯是加利福尼亚人。现年 47 岁。一股源于自然的力量。此时此刻他没在给自己的时装线做设计，而是正在为莱维安创作新系列，同时制作那些具有装饰风格的家具。他将自己的系列描述为“单调、极简和直接”——媒体则用“坎普”“哥特”和“肮脏”等字眼来形容他。他看起来像伊基·波普。他跟他的妻子米歇尔·拉米一起生活。他奔波于巴黎和意大利的康科迪亚之间。他有一副美黑并且练过健身的体魄，讲话带着嘲讽的口吻，拖长了音调。有着干练的智慧和一种“见过的，做过的”的气质，但并不颓废。他以前在好莱坞大道附近的变装酒吧玩儿，抽烟，认为时尚是一种比艺术更纯粹的表达形式。如果没有做他现在的工作，他就会成为一个瘾君子。他说过这样的话：“对我来说，所有的一切都关乎戏剧和死亡。”安德烈·莫洛德金是俄罗斯人，现年 43 岁，创作科学狂人风格的艺术作品。他以充满油彩的树脂雕塑而闻名，这些雕塑涉及一些人体器官与政治诉求的文字，例如“民主”。他看起来像个怪胎，像那种喜欢死亡金属的男学生。淘气、内向、容易激动、为人真诚，大眼睛，常常大笑，尖嗓门。谈起他的作品创作的方式会很享受，但拒绝以艺术家自居。与他的日本女友（译者注：原文错误，她不是日本人，而是中国人）住在一起。在巴黎和莫斯科之间奔波。他曾在军队服役两年，在西伯利亚运输导弹，不抽烟也不喝伏特加，认为时尚应该更多地参与政治。如果不是做他现在的工作，他应该会成为一个恶棍。他相信他那充满鲜血的基督形象，“借由观众的视角证明了死后的生命”。欧文斯和莫洛德金都是从头到脚的一袭黑色衣服。他们都住在巴黎。他们都喜欢骷髅头（欧文斯在自己的肱二头肌上文了一个骷髅头，莫洛德金画过一些巨大的骷髅头），都认识建筑师约瑟夫·迪兰（Joseph Dirand），而且都喜欢创造新事物，但仅此而已。问他们是否认为在他们的作品中有共同的美学，他们都想不出一个。“一种粗糙的优雅？”我提出来了。莫洛德金一脸茫然。欧文斯礼貌地笑了笑：“我想是的。”事实上，这两个人之间并没有真正的联系，这也是他们的会面如此引人入胜的原因。这是一段充满了迪斯科、困惑、困境和顿悟的旅程。两个人都在试图“理解”对方。但，最重要的是，这是瑞克·欧文斯和安德烈·莫洛德金成为朋友的瞬间。

上午 10 点 15 分，在奥廖尔艺术画廊（Galerie Orel Art）见面。在康普瓦街（Quincampoix）街边的一个铺满小鹅卵石的院子里。走到尽头，经过一个小型平面设计工作室，安德烈·莫洛德金透过玻璃门冲我们微笑。他推开门。我们握了握手，他的手就像大猩猩的手一样。“来一杯吗？”他操着浓重的俄罗斯口音问道，并冲着他手中那杯喝了一半的黑咖啡点头示意。“我做了很好的咖啡！”我解释说自己已经喝了三杯。他皱起眉头。“我们的咖啡在这片儿排第一。”我们走到后面的空间，莫洛德金的作品目前正在那里展出。靠在后墙上的是他的两幅巨大的圆珠笔画，“我的总统是白色的，你的总统是黑色的”和“我的总统是黑色的，你的总统是白色的”。每张画布的尺寸为 200 厘米 ×270 厘米，上面布满了复杂的手绘线条，在粗体字后面形成了聚拢的风暴。完成这些作品一定是一项艰巨的任务？莫洛德金笑着说：“其实用不了多长时间”，那口气像是在小便签贴上做涂鸦一样。在房间的另一侧是艺术家的两个填充了石油的雕塑样品。《美金负面》（$ negative）和《去你的》（fuck you）。通常情况下，一个泵会不断地往树脂模块里注入石油。但今天不是这样。莫洛德金解释说，他在威尼斯双年展的装置遇到了突发状况——一个 DJ 把冰箱的保险丝烧了之后，一批血液全变质了，他不得不把他所有的泵带到那里去，“我需要更多的泵！”他哈哈大笑，走到一边的房间里，又给自己冲了一杯咖啡。“你好？”画廊前面传来一个美国人的声音。瑞克·欧文斯突然出现在拐角处，肩上挎着一个包，与端着刚做好的咖啡从旁边走出来的莫洛德金面对面打招呼。两个人上下打量了彼此——令人紧张的一刻转瞬即逝。他们介绍了自己，并握了握手。“你喝咖啡吗？”“不，谢谢，”欧文斯回答，并甩了甩他的长发，“我有礼物给你，安德烈！”欧文斯弯下腰，把包里的东西倒在莫洛德金面前的地上。“我在摩洛哥的路边买了这个。”欧文斯一边解释，一边打开一块炮弹般的石头，露出闪闪发光的石英碎片。“它应该是天然水晶，但我认为它是假的！这是一只青铜烟灰缸——我做这些东西。我知道你不抽烟，安德烈……”莫洛德金摇摇头：“不，但人们总是在我的工作室吸烟，所以我需要这个。”“是的，你需要一只烟灰缸。我想这是非常实用的。这是我给你的书……”欧文斯把他的咖啡桌读物《我下来了吗？》（*L'ai-je bien descendu?*）递过来，它的大意是“你喜欢我下楼的样子吗？”俄罗斯人翻开了光鲜的书页，笑着说：“谢谢你。”当我问他在知道要去见欧文斯之前对他的衣服有多了解时，莫洛德金显得有些羞涩。“我在网上看到他的作品，”他解释说，“我真的很惊讶，有人在巴黎做这样的衣服。因为我认为巴黎更古典、更漂亮…… 而不是那么激进和粗暴。”欧文斯笑了。

安德烈的作品吸引你的点在哪里？

RO→ 我近来对当代艺术持有一种矛盾的态度，我讨厌那种看上去自作聪明的艺术。所以很多东西看起来就是个笑话；那些东西你看过一次，然后也就那样了。但当我看到安德烈的作品时……它并不是这样的。它有一种神秘感，会让人感到情绪上的冲击。他的艺术有一些很有触感的东西。他的艺术作品有一种很好的触感，它制作精美，我很在乎这件事。为我设计了伦敦店铺的建筑师约瑟夫·迪兰最先把他的作品介绍给了我。他给我寄来了纽约展览的目录。那是一本叫作《第二次冷战》（*Cold War II*）的黑皮书。我订了很多，因为它们看上去太棒了。（欧文斯跟莫洛德金走到两座灌了石油的雕塑前）

安德烈·莫洛德金（以下简称AM）→ 我刚刚出版了第二本书，《液体现代性》（*Liquid Modernity*）。我的工作室里有一本给你——我们一会儿去工作室的时候我拿给你。第三本将在一个月后出版。

RO→ 棒极了！然后我在威尼斯双年展的开幕式上，看到了你在俄罗斯馆的作品。它很宏伟。我的一个朋友前一天去了那里，他说，“哦，我不得不离开那个房间……太可怕了！有一种斩首的声音。”我说，“我想那是泵的声音！”他说这是一个关于斩首的故事。他看着好像精神崩溃了一样。第二天我去的时候，有一个小女孩在泵周围玩耍，我回去对我的朋友说，“你真是个胆小鬼！昨天有个小孩儿在那儿都不怕，你却怕得要死！”

AM→ 他害怕的是那些声响吗？

RO→ 是的。让他心理不适。他认为那是一把斧头砍到了圣母玛利亚的头或别的什么。

AM→ 这只是一个耶稣的雕塑，血液在里面流动。

RO→ 它非常华丽。这么说不会让你不舒服吧？

AM→ 不会啊，我完全不介意“华丽”这个字眼。关于那件作品，还有一桩丑闻，因为那件作品里的血是参加了车臣战争的俄罗斯军人捐献的，而俄罗斯的策展人和官方并不知晓，在这件作品当中使用车臣战争中俄罗斯军人的鲜血跟车臣的石油是非常重要的。策展人删除了作品旁边写着血液跟石油来源的标签。他们不允许我跟记者发表自己的意见。我不得不跑到展馆后面私下接受采访。

RO→ 这是战亡俄罗斯士兵的血吗？

AM→ 不，不是的。他们都还活着。他们只是（每人）捐了300克血。

RO→ 既然士兵自己都不在乎，那么为什么官方会介意？

AM→ 恰好是因为他们不想谈及车臣战争。

RO→ 所以，你在挑衅他们？

AM→ 不是挑衅。我认为人们可以正常地谈论这件事情，平静地讨论这件事情。为了夺取那些石油付出了多少鲜血作为代价，搞清楚这件事情非常重要。但俄罗斯人不愿谈论车臣石油的代价。

RO→ 我能觉察到他们对这个问题有多敏感。

AM→ 但当你谈起这件事情的时候，你就不会对这件事情抱有一种情结了。

RO→ 我会尽量避免去听太多的解释，因为对我而言这样会破坏神秘感。你会希望人们接收更多的信息吗？

AM→ 实际上，我的信息是错误的信息。我试着让人们对我的作品感到愈加疑惑。

RO→ 你喜欢迷惑他们？

AM→ 也不全是，但如果有一个问题是我必须去回答的，那么我想你最终会有更多的问题。我就是这么看待这件事儿的。

RO→ 所以对你来说，参与与他人的沟通交流是很重要的一件事？

AM→ 是的，作品只是与人交流的一部分而已。我怎么想就怎么说，说完了我就走。我不喜欢没完没了的对话。你把你的作品视作一个起点。作为艺术家，需要为人们的讨论创造一个对话的背景。当代艺术应该让人们在没有审查的环境下自由讨论。

RO→ 这是否可以追溯到你年轻的时候，在俄罗斯让你觉得无法表达自己？

AM→ 是的，你不能表达你自己的想法。

RO→ 所以你对此做出了反应，真实地表达自己。(莫洛德金跟着他，转身走向那两张圆珠笔作品。) 我读到你是在当兵的时候开始使用圆珠笔作画。而且那时候他们只给了你两支笔。

AM→ 每个月两支，用来写信。

RO→ 所以你不得不跟其他士兵借笔来用。你是不是有一件作品用完了很多圆珠笔？

AM→ 哦，是的，那时候我画了一张布什总统（小布什）的肖像。那个想法是关于圆珠笔的生命：你拿起它，用它，然后你再也不需要它了。所以我用了 2750 支圆珠笔来作画——这个数字正好是截至那一刻在伊拉克战争中阵亡的军人数量。

RO→ 这么精确吗？

AM→ 是啊，是啊。正式开展前的 3 个小时前又有 5 位军人牺牲了，所以我们不得不在大家进来之前迅速地又用了 5 支圆珠笔。

RO→ 哇！厉害了，你真的很厉害！我总是被那些预示着生命轮回的东西所吸引。而你的作品客观地看待出生、死亡、重生、死亡、重生……几乎是以圣经、瓦格纳歌剧的方式。它有点咄咄逼人，但也有一种温柔的感觉。有一些宿命论的感觉：“这就是生活，这就是它本来的样子。”但没有提供一个解决方案。我认为这更像是一种观察。有一点超脱，也可能我理解错了？

AM→ 重中之重是，你可以有很多不同的阐释。因为我出生在俄罗斯，我不喜欢人们说，“这是对的，这是错的”，我的意思是你并不知道什么是对的或错的。而你并不在乎自己不知道这件事。

RO→ 所以我算是猜对了！

AM→ 当我在迈阿密的巴塞尔艺术展上展出这两张作品，可有意思了。它们那时候放在一面更大的墙上，离得也更远。所以当很多人围绕着这两张作品逛的时候，我会观察人们会站在哪张画前面。这就有点儿像投票选举。所以如果他们站在中间，他们就没有做出自己的选择。瑞克，你看！你就站在中间！(大笑) 你必须选一边儿来站。

AM→ 你有没有安德烈的作品，随便一件都算。

RO→ 没。你知道我很想拥有，但是……好吧，首先我把钱都拿去买房了，所以我现在什么都买不起。但我觉得自己是喜欢观赏艺术作品的，可是如果要占有它的话，会让我有些不舒服。我喜欢断舍离而不是囤东西。当然我也有一个想法，那就是你必须要支持一些东西……安德烈总得交租金啊！如果我欣赏他的作品，他应该得到一些回报。如果我只是来了，说它有多好，然后就走了，这可不公平。

AM→ 我不考虑我的艺术作品最终会落在哪儿。印象中我没有为私人藏家做过作品。

RO→ 但你会想，"我的工作就是要卖掉它？"

AM→ 这不是我的工作…… 因为我只是在回应当下的时候感到兴奋。

RO→ 我必须得商业化。我一直都很清楚这一点。我每隔四个月就会被测试我的系列是否具有商业价值。我必须同时具备有意义和商业性，所以我一直非常注意这种平衡。我们生活在完全不同的世界里……我不知道哪个更好或更坏。在什么时候你意识到你可以选择成为一个艺术家？

AM→ 我从来没有想过"我是一个艺术家"。

RO→ 但是如果有人问你的职业是什么，你会怎么说？好比你的护照上怎么写的？

AM→ 我什么都不写！（偷笑）当我去纽约的时候，我告诉检查护照的人我是来参观博物馆的。

RO→ 你还真有点逃避型人格啊。

AM→ 瑞克，你原本不是在加州的帕森斯学纯艺术的吗？

RO→ 是的。我想成为一名画家。但我退缩了。这对我来说太沉重了，需要承担太多责任。这就像圣职一样，我无法胜任。我想，"我太肤浅和轻浮了"。我意识到自己得学门技术。所以我在一家工厂接受了制衣技术的培训，然后从那儿开始，我成了一名设计师。

AM→ 工厂的想法对我来说很有趣。当我在伦敦奥廖尔艺廊（译者注：原文是伦敦的 OPEL ART 开展，未曾找到这样一家画廊，而艺术家在伦敦的 OREL ART 有过展览，应该是拼写错误）做一个演出时，在泰特现代美术馆有一个关于俄罗斯前卫艺术的展览，是关于构成派的。那个时候正好是构成主义者宣称他们不应该再画画了，他们应该烧掉已经画好的玩意儿，回到工厂工作。

RO→ 这是谁的判定？

AM→ 罗德琴科说的，但这是整个构成派团体的想法。他们认定了为艺术而创作艺术是愚蠢的，他们应该产出更实用的艺术——衣服、餐具和人们日常用得到的东西。他们后来改叫自己生产主义者。他们毁掉了所有的素描跟油画。

RO→ 对此有任何抵制吗？

AM→ 没有，他们就这么做了。这很可悲，因为他们认为艺术家在现实生活中是没有空间的。

上午 11 点整。肖像拍摄。欧文斯和莫洛德金靠在画廊中间的白色（廊柱的）基座上，相机开始咔咔作响。欧文斯在这方面是个老手了：在拍摄过程中，他以不同的角度侧着头，把身体的重心挪到臀部，交叉双臂然后展开双臂，把头发从一侧撩到另一侧。莫洛德金就不是老手。但他能很好地听从指挥，"看这里，安德烈！"摄影师不断地说着，并且很快就进入了状态。摆姿势的同时，两人也聊起了他们的工业风格的工作环境。莫洛德金刚刚拿到了一个有 300 年历史的铸造厂的使用权，他可以在那里继续做他的石油装置作品。"到处都是大型机器……这看起来非常粗糙。"欧文斯："我的也是！巨大、脏兮兮的机器……。巨大的、脏兮兮的机器……太华丽了！"

RO→ 有时我想，如果我去买一批路易十四和一些漂亮的罗斯科，那我做的东西会完全不一样。我真的想过这个问题。我的工作室真的快散架了。它很大，积了灰，脏脏的。但是对我来说正好完美。

AM→ 你需要在那里工作吗？

RO→ 它不是我坐下来，然后就做出一个系列来。它是逐渐累积的。这只是我一年来收集的东西的碎片，然后对它们进行编辑。事实上，我会在飞机上整理我的大部分想法。我觉得在天上这事儿，它有点儿东西……你不用负责任。你不需要回应任何人。这真是个做梦的好地方。我很少在其他地方找到这样的空间。就像在家里或办公室里，总是有一些我必须得去做的事情。在飞机上，你没得选——你正好身在云端。我指望着这些飞机旅行来整理思路。

AM→ 是的，你不会觉得自己有什么责任要负，同时你也会觉得没有人要对你的生活负责。我总是想，也许在一分钟内，这架飞机就会坠毁！你是在命运的掌控之中。

RO→ 你会沉入海底，被分解，成为你的艺术作品中的原油。（笑）

RO→ 你是在什么宗教环境下长大的？

AM→ 因为我是在俄罗斯长大的，那会儿不存在什么宗教信仰。我不信教，但我最接近佛教信仰。

RO→ 我被当作一个天主教徒养大的。时至今日它对我来说没有任何意义，但我想它也许就在别处。（停顿）我会无法停止地一直想着十字架和双子塔……我等不及要看那个演出了！

AM→ 我有很多这样的想法。当我在伦敦时，我坐出租车经过议会大厦，我看到外面所有的反战抗议者，然后我看到议会大厦里有一个漂亮的彩色玻璃做成的圆形玫瑰花窗。所以我就想如果能做一扇内部漏油漏血的花窗就太棒了，议会就是以血和油为燃料的。当然，我必须使用在伊拉克战争中幸存的士兵的血，而且必须是伊拉克的原油。

RO→ 这个对应关系太美了。你的想法当中有一种一致性，我很喜欢。你已经开始为这个收集血液了吗？

AM→ 还没有，但我已经在联系一些人了。我就像一个吸血鬼："把你的血给我！"在欧洲运输血液是件挺麻烦的事儿，所以在以前我不得不从画廊的工作人员那里取血来做我的耶稣雕塑。开始的时候他们觉得这是一个笑话。

RO：他们会说："这不是我工作的一部分！"（模仿惊恐的表情）

AM→ 就只是100克的血。你来喝点儿红酒……挺好的！其实换点血对你有好处。一位献过血的女性在看到完成的作品时哭了。自己成了作品的一部分，这让她觉得自己充满了力量。

RO→ 我完全可以想象。

AM→ 我不需要你买我的作品，瑞克……我只希望你把你的血给我！

RO→ 我真的不觉得你会想要我的血，安德烈！（歇斯底里地大笑）我们现在可以去你的工作室了吗？

AM→ 好的。离这里也不远。

RO→ 可以坐我的车去。

AM→ 好的，好得很。

上午11点40分。走在坎康普瓦大街，欧文斯带领莫洛德金走向附近的兰布托街，他的车在那里等着。他们走在阳光下，经过一家雷鬼商店、一家同志百货店和许多游牧式画廊，话题转向作为一个在巴黎生活和工作的外国人。

RO→ 你的法语怎么样，安德烈？

AM→ 不太好。我的法语是在工厂里学的，工人们都来自西南部，所以他们的口音都很重。在巴黎没有人听得懂我的话。

RO→ 好吧，我根本不说法语。我的意思是完全不说！我一直都很习惯独自工作。当我从洛杉矶搬到欧洲时，因为突然间我不得不和很多讲不同的语言的人打交道，我不得不向很多人解释自己，一时间让我手足无措。这使我在巴黎更加孤僻，我怀疑我并不是真的想学法语，我并不真的需要被同化，我需要一个泡泡。实在有太多的人需要我去回应，所以我喜欢保持一定的距离。异乡人的感觉让我很舒服。

AM→ 在这儿我也觉得自己是个异乡人。有时候这种感觉还挺好的。超然物外的感觉很棒。我想那些在创造的人们在哪儿都会是异乡人。

RO→ 你是那种必须坐在一张雪白的白纸前的作家吗？

AM→ 不，从来都不是。我从不在乎在哪儿工作——我只管做。

RO→ 你从来不会被卡壳，然后想着“我不知道下一步该往哪儿走吗？”

AM→ 不会啊。

RO→ （大笑）那真是上天的恩赐。某种意义上我会觉得一切都已经在那儿了，我不需要过度观察外部。你知道的，以我的第一个系列作为一个开始，从那以后的所有系列都是一致的。这些系列全部来自那儿，然后每次做一点点调整。

AM→ 找到一种语言是很重要的。

RO→ 完全正确。我想要创造属于自己的词汇。

上午 11 点 43 分，驱车前往莫洛德金的工作室。欧文斯跳进后排落座，瘫在黑色的皮质座椅上，摇下他的车窗。莫洛德金小心翼翼地把自己放在欧文斯一旁，然后告诉司机开往小马棚街，在 5 分钟的路程里，他双手紧紧握在自己收拢的膝盖上，透过挡风玻璃入迷地盯着前方。

AM→ 我请你的建筑师朋友约瑟夫·迪兰为我设计了我的新空间。它是一个占地 200 平方米、带一个玻璃屋顶的地方，而我想重新解构这里。这是一座大型的开放厂房。他说你的这个空间很粗犷。

RO→ 是的，是很粗犷，没错。它实际藏在巴黎一个非常优雅的区域，所有的大使馆都坐落在这里。前面是 18 世纪的建筑，后面是混凝土办公室，因为那里是社会党的总部。它是五层楼的混凝土建筑——那部分是非常原始的。

AM→ 我不想设计我的空间，我只想打破这里的一切。我甚至在地基下又挖了一米。（咯咯笑）

RO→ 嗯，约瑟夫就是那个充满想象力重新建构空间的人。

AM→ 是的，他很棒，但是我需要一些更粗犷的东西。他可能还是有些过度设计了。

RO→ 我们一起做伦敦店铺的时候，最后的效果要比我感觉舒服的那个尺度更精致了一点点，所以我拆掉了一些东西，让店内的东西看起来更粗糙一些。比如，我们在地面保留了用于展示的混凝土结构，但它们看着太光滑了，所以我让一位在巴黎为我工作的人搬到伦敦，用榔头每天敲，敲了一个月。约瑟夫很擅长重新定义空间，而在那之后你只需要稍作调整就好。

AM→ 你的工厂在哪里？

RO→ 那是一个小厂，在意大利。我所有的衣服都在那儿生产。家具我都在巴黎做，因为不需要生产太多。衣服就是另一回事儿了……所以我必须花一半的时间待在那儿。但我很享受这个过程。我喜欢在工厂里工作，我是一个工厂工人。

AM→ 投入那个生产过程中是很重要的事情。

RO→ 是的，所有表露的情绪都是从这里来的。

AM→ 设计衣服与设计家具的心态会不一样吗？

RO→ 对我来说没什么不同。就家具而言，最棒的是它不会太赶。你不用每四个月做一个新系列。我把它当作一种对身体的延展，很关乎大小比例。

AM→ 就像我们之前说起的构成主义一样。如果你有正式的想法，那么你实际做的是什么并不重要——盘子、家具、衣服、建筑，每次都是同样的结构。

RO→ 那如果让你设计一条裙子，你会怎么做？

AM→ （大笑）我设计不出裙子的。

RO→ 我敢打赌，你可以的。用你——安德烈·莫洛德金自己的方式。

AM→ 因为我要设计一件裙子，就像被“十字架”击中的双子塔那样！（看着窗外）你在展览你作品的时候会感到紧张吗？

AM→ 对我而言，以今天我的工作方式来说，人们怎么想并不重要。这个与作品是否完成无关……这就像是一个点子的实验室。我展示的并不是一个成品；而是展示它的过程。画廊给了我很大空间，直到最后一刻，他们才会知道我即将展示的是什么东西。他们比我更紧张。（大笑）

RO→ 我的销售代理直到他们开始销售的前一天才会看到我的这个系列……我甚至怀疑，所有从事创造的人都会有一些激进，因为想要将这些表达并展示给公众并不容易。你必须要有足够强大的自我意识才能这样坚持做下去。你有没有想过这个问题？因为有时候我会为此感到一丝丝尴尬。

AM→ 你必须激进一些才能不在乎别人的反应吗？

RO→ 是的，我想是这样。我只知道，有时候我真的必须让自己振作起来。也许我只是不够积极主动。而我内心的另一面也在想“我会不会有些太尖锐了”，但你不存在这样的问题，安德烈！（大笑）

AM→ （一不小心）我们错过了转弯的机会。

223 MARCIO MADEIRA PHOTO, S/S 2011 PARIS. ©MARCIO MADEIRA/ ZEPPELIN

罗宾·塞尔斯访谈瑞克·欧文斯

关于家具，你最早的记忆是什么样的？

两件事浮现在脑海里：睡美人的玻璃棺材和耶稣的空墓，棺盖是歪斜着的；我发誓那是我脑子里的真实想法。我确实上过天主教学校，但这仍可算是相当成熟的剖析。

你给自己买的第一件家具是什么？（如果将其视作一段旅程的仪式，从一个有家具的童年到一个家徒四壁的成年。）那么，你的第一次重要的家具消费是什么，在什么时候？

我记得从市中心的救世军那里花 25 美元买了一张沙发。它是弧形的，十分修长，搭配着一个优雅的靠背。我用灰色的军毯织物盖着。非常装饰主义的约瑟夫·博伊斯。在那之后的所有东西都是由我当时唯一的缝纫工用废旧木材定制的，他兼职做建筑工人。我的第一笔花销可能是一台洗衣机和烘干机，用来给我的第一件皮夹克做水洗和染色处理……仔细想想，我实际上从来没有买过任何重要的东西……

从我们博伊斯式的城堡到巴黎五层的大楼之间没有任何过渡。这几乎就是一夜之间发生的事情。我无法忍受买下任何不是鲁赫曼或艾琳·格雷的东西，但也没有那么多钱用他们的作品填满整座屋子，所以我很高兴地开始仿制。所有这些装饰艺术的东西的问题是，它们尺寸都太小了。因此，我为罗伯特·马勒特－史蒂文斯设计的梦幻居所创作了加大版家具，著名的滑板朋克。所有的东西都是亚光的黑色胶合板，并简化为一个卡通版。从我们订货会的长椅开始，然后是我们的床，这是我们在好莱坞的床的复制品。那时候，我们的朋友杰西克，一个有才华的木匠，以前和加埃塔诺·佩谢一起工作，现在跟我们生活在一起，全职做家具。我对我们一起搞出来的东西非常满意，所以我觉得在我们的男装订货会期间将其作为一个系列展示会很有趣，于是就在大楼的低楼层展示。这本是一件一次性的事情，但它却有了自己的生命，现在是杰西克在波兰开设的工作室的主要工作。

你是否有过这样的经历：在别人的家里或办公室看到你的一件家具，但你更希望它在别处？如果有的话，你有没有讲出来？

一旦我的衣服或家具属于别人，我不会幻想纠正它们的使用方式。我只是很高兴有人找到了一些可以回应的东西。

当谈到你的家具设计时，谁或什么给了你灵感？

我们的一个邻居，杜迪·奥森克兰茨，有一间公寓，是托尼·杜奎特的最后一个项目，所有表面都覆盖着丝线、刺绣、镀金、镜面马赛克……它的东西可能跟我所做的一切都恰好相反。然而，知道它就在隔壁，我很开心……这个问题没有真正的答案，但你的问题正好提醒了我……你是否有一件你自己正在寻找的、但还没有找到的梦想的古董作品？我真的想买几个巨大的牛仔墩和瓮，就像巴黎的金门博物馆里的那些。我一直在寻找一个完美的埃及石棺，就像在伊夫·圣罗兰拍卖会上的那个……

你在伦敦家具展的开幕之夜是否会觉得紧张，如果会，与你的第一次大型 T 台时装秀相比又如何？

这两种展示对我而言都没什么好紧张的。我想，可能是因为我从来没觉得这些事儿能成真，但它们的确也都成了，我会觉得很不可思议。我想这两件事都是偶然的。

你设计家具的过程是怎样的？你是先考虑材料，然后再考虑作品的线条，还是反过来，或是两者兼有？

我基本上是先考虑线条，并且有一个非常有限的材料库——胶合板、混凝土、大理石、皮革、毛皮和鹿角。增加一种材料是一种突破，就像现在增加的雪花石一样。我并不是要做什么特别聪明或一鸣惊人的事情。我只是想做一些我可以接受的东西，总结一些对我和我们这一代人有意义的经验和标准。我做衣服的方法也是如此。我正在寻找理性的、适度的优雅。

你和你妻子对家具的品位相似吗？如果不，你是如何调和这种差异的？

我们确实有相似的品位，但家具产品线之所以能向前发展，是因为她在培育它。她以一种几乎跟我一样的传统方式拥抱艺术家和工匠。我可以不厌其烦地赞美别人，而她却可以用爱来驱使他人创造。她有我信任的直觉，所以她对作品进行调整。她对我的皮草系列也是这样做的。她是我私人的美丽巫女。

“给亡故公主的帕凡舞曲”，跟我们说说你为什么给纽约的活动选这样一个名字吧。

我的父母总是在家里播放德彪西、瓦格纳和拉威尔的音乐，我记得小时候听到过这个。我被音乐的美感和它名字的神秘感所困扰……时隔四十年，今天我仍然喜欢它。它让我想到了时间和永恒，就像雪花石膏板让我想到了时间和永恒一样……

我听说你每天下午都要打个盹。如果你不得不跳过这一环，你会不会觉得烦躁不安？你是在办公室的沙发上睡觉，还是在床上稍微打个盹？

我只是在办公室的沙发上打盹。当我达到了一个饱和点，必须清空然后重启。我认为这几乎是一种负责任的方式，以最好的方式驱使我自己。但作为一种奢侈的行为，我也欣赏至极。

228 MONTREUIL SOUS BOIS 2010

230 MONTREUIL SOUS BOIS, 2010

232 MONTREUIL SOUS BOIS, 2010

 ADRIEN DIRAND PHOTO, © ADRIEN DIRAND/JOUSSE ENTREPRISES

240 PALAIS BOURBON, 2008

244 HUN, BERLIN, 2008

246 HUN, TURIN, 2007

248 HUN, TURIN, 2007

251.HUN, PETRA, 2010

252 HUN, PETRA, 2010

255 HU[illegible]ICE 2007

256 HUN, VENICE, 2009

258 MUDHUNNY , PETRA, 2010

259 MUDHUNNY, PETRA, 2010

260 ASHA MINES PHOTO, A/W 2010, PARIS

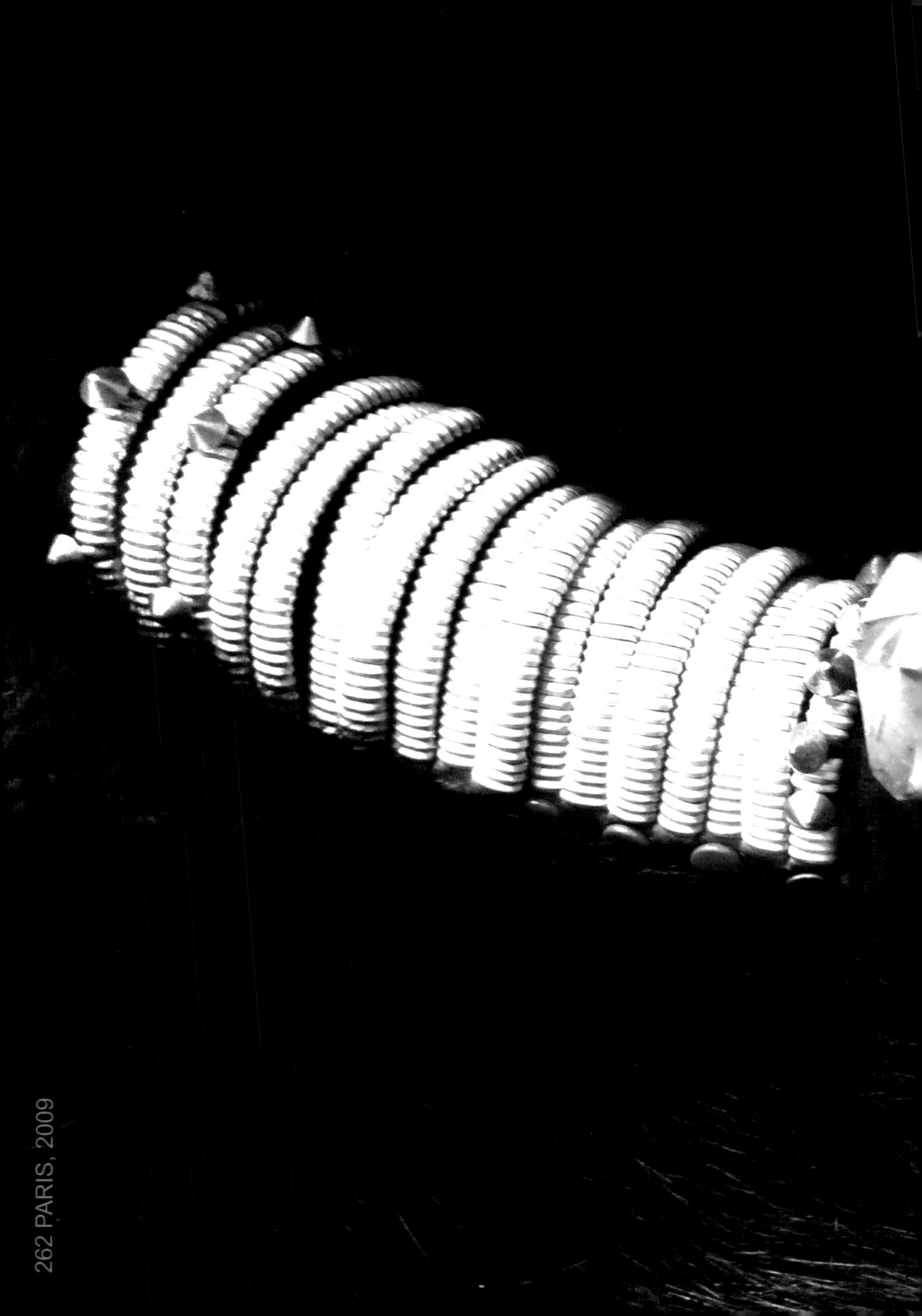

262 PARIS, 2009

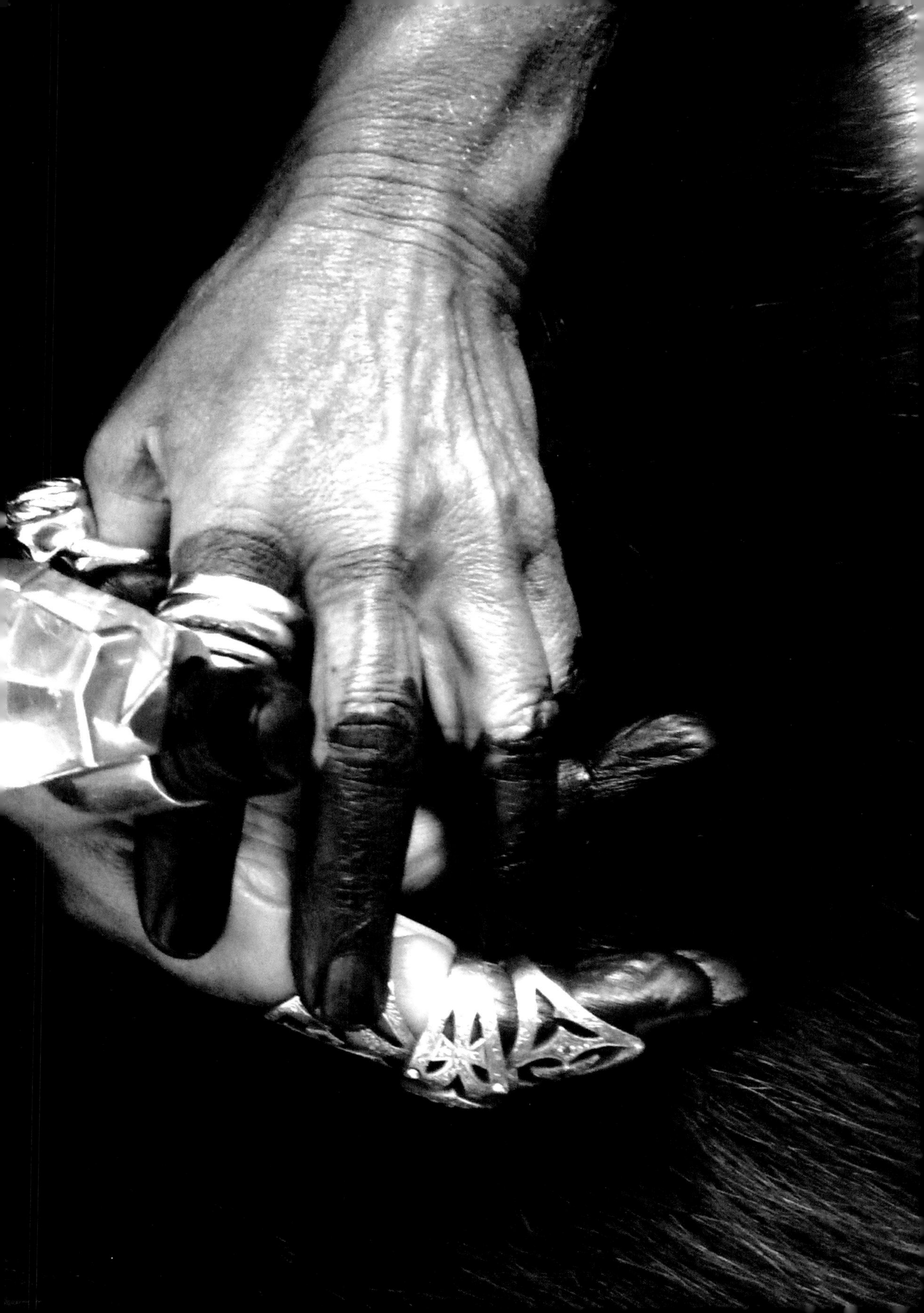

265 STEVEN KLEIN PHOTO, VOGUE PARIS, 2010. © STEVEN KLEIN/ TODD SHEMARYA

放纵

瑞克·欧文斯（撰文）

最近我看了一部 80 年代的电影，我在一个哥特夜总会的场景里演了一个龙套。那时候我刚刚从南加利福尼亚小镇搬到洛杉矶，一心想要创造出一个自己。我看着自己柔软而脆弱的脸庞，试图让自己看起来坚强而又厌世。

哥特将是我的回应。它将与每一个人对抗，并且表明我的立场。我要潜入一个充满罪恶和异国情调的世界，我在家中父母的图书室里读到了于斯曼的《逆流》（*A Rebours*）跟《那里》（*Labas*）。我将在舒适的白色景观里铺上一颗闪亮的黑色的粪坨。

我以前开 T 形车顶的科迈罗。音响里播放着慈悲姐妹、玛琳·迪特里希和瓦格纳。我戴着我的皮手套和珠宝，化着浓妆睡觉。我抽黑美人香烟度日。我住在一个朋友的仓库工作室里，在铁轨边上，有一个消防通道通向屋顶。很适合穿斗篷。
时光飞逝，不安和愤怒
凝聚成更多自毁倾向的
东西。直到后来我不再
大惊小怪，我终于获得了
清晰的视野与健身房
皇后般的平静。后来，我
在巴黎莱维安皮草时装屋
担任艺术总监，主要因为
它将迷人、颓废的巴黎
与我极致的奇技淫巧
直接联系起来。它成立于
1763 年，萨拉 · 伯恩
哈特（Sarah Bern-
hardt）很可能曾穿着
莱维安皮草，头上还顶着
一个蝙蝠的标本。

我仍然被同样的美学所
吸引，但它现在有了一层
感情。所有这些年的
注定要失败的理想主义
在成年后的日光下显得
有点甜蜜和凄凉。我重新
穿起所有的黑衣服或
呈现在 T 台上的所有
黑衣服都会饱含爱的
目光。

终了，我看到了我年轻时
极度渴望的消瘦面庞……

269 CRUST F/W 2009, PARIS

270 ANTHEM S/S 2011 PARIS

271 ANTHEM S/S 2011 PARIS

272 RELEASE WOMENS S/S 2010, PARIS

275 RELEASE WOMENS S/S 2010, PARIS

276 RELEASE MENS S/S 2010, PARIS

278 DAN LECCA PHOTO, S/S 2009, PARIS

280 MARGIELA. PHOTO, A/W 2009, PARIS. ©MARCIO MADEIRA/ZEPPELIN

282 ASHA MIN[illegible] PHOTO S/S 2011 PARIS

283 ASHA MINES PHOTO, S/S 2011, PARIS

284 ASHA MINES PHOTO, A/W 2011, PARIS

285 ASHA MINES PHOTO, A/W 2011, PARIS

286 DAN LECCA PHOTO, A/W 2008, PARIS

287 DAN LECCA PHOTO, A/W 2008, PARIS

288 CLEMENT LOUIS PHOTO S/S 2011, PARIS

 CLEMENT LOUIS PHOTO, S/S 2011, PARIS

291 CLEMENT LOUIS PHOTO, S/S 2011, PARIS

292 CLEMENT LOUIS PHOTO, A/W 2010, PARIS

294 MARCIO MADEIRA PHOTOS, A/W 2010, PARIS. ©MARCIO MADEIRA / ZEPPELIN

296 CLEMENT LOUIS PHOTOS, A/W 2011, PARIS

297 CLEMENT LOUIS PHOTOS, A/W 2011, PARIS

299 CLEMENT LOUIS PHOTOS, A/W 2011, PARIS

300 CLEMENT LOUIS PHOTO, S/S 2011, PARIS

302 ASHA MINES PHOTO, A/W 2011, PARIS

在那里，在那里有
任何东西之前……
感谢：
Dafne Balatsos
达芬 · 巴拉特斯
（设计师）
Ricardo Hernandez
里查德 · 赫尔南德斯
Panos Yiapanis
帕由 · 伊亚帕尼斯
（艺术家）
Sharon Lipton
莎朗 · 利普顿
Lois Rose Rose
路易斯 · 罗斯 · 罗斯
（艺术图书出版工作室）
Ariane Phillips
艾琳 · 菲利普斯
（美国戏服设计师）
Eugenie Vincent
尤金 · 文森特
（美国女演员）
Laurie Pike
劳丽 · 派克
（美国女演员、作家）
Justinian Kfoury
查士丁尼 · 库里
（制作人、演员）
Lisa Love
丽萨 · 拉夫
（女演员）
Sally Singer
莎丽 · 桑热
（前美国版 *Vogue* 时装编辑）
Elsa Lanzo
艾尔莎 · 兰诺
（Rick Owens 集团 CEO）
Luca Ruggieri
卢卡 · 鲁杰里

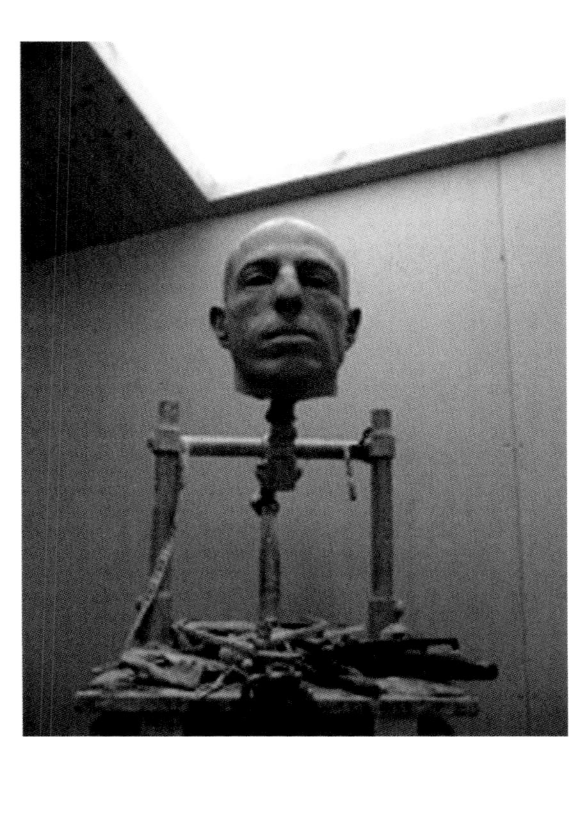

305 LONDON, 2006

是什么启发了你的时装秀，
为什么？
我一直思考体量和姿态。
就像一个笔刷。
秋冬的主要配饰？
我的男士高跟靴。
冬季的标志性女人？
瓦妮莎·雷德格瑞夫，被白色
山羊皮毛覆盖着。白色
山羊皮毛和透明的唇彩，在电影
《凤宫劫美录》（*Camelot*）中，
她坐在雪橇的后面，向着心碎的
方向飞奔。
从人群中脱颖而出的最佳方式？
雄起。

307 *I-D*, 2003

除了大卫·霍克尼的绿松石色水池与不眠不休的好莱坞持续亢奋，洛杉矶当然还有自己的另外一面。这座城市被日光晒得泛白，褪去了光环，声名狼藉、瘦骨嶙峋、贪图享乐，还带着一丝邪恶。这似乎才是设计师瑞克·欧文斯想要用自己的衣服揭露与唤醒的洛杉矶印象。如果大卫·林奇当年请欧文斯为《穆赫兰道》（*Mulholland Drive*）做服装设计，他本可以成为当代的伊迪丝·海德。从餐馆后方垃圾桶窜出的“野人”（他设计的脏乱而又令人无限向往的男士外套本有机会在野人身上完美演绎）到任意一个经历了车祸、失忆、死亡的女主角（他设计的紧身、破损丝绸鱼尾连身裙完美符合优雅却也被穿得破旧不堪的剧情设定）。然而，瑞克·欧文斯甚至还没有看过这部电影——他只是给人一种身临其境的感觉，他的审美直接反映了这座神秘都市的平和、诱惑，同时略带邪恶的情绪。“脏脏的习惯，这是我衣服的核心。”他自己解释道，这一切看起来恰如其分的不洁。“我的意思是，这是脏乱的时髦，它已经是乱七八糟的样子，所以你无须担心自己会把它搞砸了——因为我已经帮你把它弄乱了。这绝美的羊绒已经被你的动作彻底破坏。”他一边说，一边向那些起伏、华丽的针织面料挥手致意。空气中弥漫着浑浊的羊绒微尘，某种程度上，瑞克·欧文斯就是在处理这些散发着魅力的碎屑。“这些衣服，呃……不那么明亮。我猜整个哲学（他咬紧牙关补充道，知道自己的风格听起来像哲学）不是白天或黑夜，一切都是正确的，没有什么特别的事件，因为一切都是特别的。你应该可以穿着它去海滩，去吃饭，然后外出。加州就真的是这样。打从我去过越来越多的地方，我发现这其实是很特别的事儿。人们对我说，‘从没想到你来自洛杉矶，竟然还能做出这样的衣服。’”“‘比利时’是我最先想到的地方，虽然它不是一座海滨城市，但对我来说它很像洛杉矶。”如今，这位设计师离开了养育他的故乡；现在巴黎的展销室成为他的“第二故乡”，其选址位于离喧嚣的巴士底狱街区不远处的一条小巷。此刻他正在等待两副巨大的大象颅骨（标本）的交付。这很像是你干的事儿。虽然，具体到他本人，这种南加州式的冷幽默，的确是非常“像你干的事儿”。“正说着，他们就来了，颅骨收到了。哈！”当两名快递员抬着遗骸跌跌撞撞地穿过大门时，他喜笑颜开。要到哪里去找寻这样的东西呢？大象坟冢？“我发过誓，不能透露半点消息。”欧文斯半开玩笑地解释道。他也的确没说，相反，热情地指给买手们看，他们大半与他保持着紧密的工作关系，而他们也毫不讶异。稍迟他会说：“我希望自己所做的一切能引人入胜，对我而言，这就是时尚的全部意义。”而瑞克·欧文斯无疑凭借其自身奇异、优雅、又玩笑般的自嘲实现了这一点。在过去的几个月里，欧文斯作为一名设计师好似横空出世。但实际上，他从 1994 年就开始用自己的名字制作时装。而这很大程度上要归功于安娜·温图尔和美国版 *Vogue*，在他们的赞助下，他完成了今年 2 月在纽约的第一个完全成熟的系列。这一次这个拥有神秘大象头骨的人收获了广泛的商业赞誉。但也许到目前为止，他所描绘的景象也未必准确。时装产业面临着“后 9·11”时代的商业影响，欧文斯的设计模式是成功的。不要被西海岸的怪异风格所迷惑（但别搞错了，西海岸的怪物也够多），瑞克·欧文斯的美学并不是一条装模作样、附庸风雅的花哨裤子。正如他所说，“实用主义使我的设计非常美国化。但同时它也拥有一种浪漫，可以让美国人联想到欧洲。也许这就是我系列作品的秘方。”而这个秘方似乎对他的销售业绩与销售渠道助力良多，使得其门店在全球范围内从 8 家迅速拓展至 90 家。这也是由于，设计师的作品有着坚实的技术基础。瑞克·欧文斯在形式上全然专注于裁剪，这可以说是时装设计领域里最为严苛与充满挑战的元素。他也受到了历史上最有影响力的设计大师们的影响，比如薇欧奈、福图尼与格雷夫人，他们都以用雕塑手法在人体上行设计之事而闻名。这一切都在衣服上形成了一种严格的精细与静谧：优雅修长的形体，柔和克制的配色，专注于豪华却充满实验性的织造。混杂着好莱坞林荫大道上的破败感：前述的一切都像是用一辆被盗车辆碾轧过。或者，如他所言，"这个世上已经有太多的刺激，而我想提供一些另类的安静而朴素的替代品。这并不是想要打安全牌的'米色备选'(Beige Reserve，瑞克·欧文斯希望人们能感受他设计的特别之处，而不希望人们只看颜色选择最安全简单的搭配色系。——编者注），而是当你完成了实验与探索之后的归处。这是一种对健康口腹之欲的安抚，以及对奢华感的满不在乎。""米色衣橱"并不能简单等同于对设计师的责难，设计师也做出了一些"实验与探索"。这种自传式的、散漫的感召力正是借由服装展现出他的精神气质。瑞克·欧文斯的态度令人耳目一新、无拘无束，幽默感很强，并少了那些周旋的公关，这就是瑞克·欧文斯在当下取得成功的秘诀。刚入时装行业时，他就坦率地说："我只是一直喜欢时尚。我最初去洛杉矶上艺术学校。我画了两年的画。然后我需要钱。你要么当画家赚钱，要么破产。我想我最好做点什么来赚点钱，因为蒂普提克香氛蜡烛是不会从树上长出来的，所以我闯入了时尚圈。"这也引出了他最初的美学源头："我在分析我的衣服的核心是什么。你还记得电影《奇异小子》吗？这有点像我在波特维尔长大的地方，我的家乡和那里很像。听起来像是一个虚构的名字。我过去常和朋友们在河边闲逛，穿着剪短的李维斯，听着林德·斯金纳德跟齐柏林飞艇的音乐，抽烟，喝啤酒。与此同时，我发现了法国版 *Vogue*、克劳德·蒙塔纳和蒂埃里·穆勒。我的作品几乎是上述这些独立元素的混合体，我肯定是受到了所有这些魅力的启发，但不变的是一定会有剪过的李维斯在里面。"林德·斯金纳德跟马勒也循环播放着。谈及他目前在时装前路上的变化时，他表示："是的，一部分是因为美国版 *Vogue* 的介入。但还有一点是因为我戒酒，这改变了一切。我一点也不像一个匿名戒酒会成员，我是说，我想做一个酒鬼，不想戒酒。因为酒精我有过很多美好的故事。只是时间到了，我的全部注意力都得让位给一些不同的事情了。"这也顺理成章地促成了他与安妮·莱博维茨为美国版 *Vogue* 的拍摄(请大家忍一下)："你知道凯伦·布莱克性感恐怖乐队中的肯布拉·法赫勒吗？她是纽约朋克摇滚偶像，也是我最好的朋友之一。她非常漂亮。她全身涂着蓝色的身体彩绘，丰盈的头发，牙齿都用银箔和记号笔涂黑了。她长着一双黑猫眼睛，全身剃光，只穿了一件高筒靴。"在安妮·莱博维茨为美国版 *Vogue* 拍摄的照片里，我跟肯布拉一同出镜。他们问我希望与谁一同入镜时，我说当然是肯布拉。她太有趣了。她还唱了《泰坦尼克号》的主题曲《我心永相随》，同时她的脚绑着保龄球，在舞台上爬行。如此这般种种按下不表。可能有人会觉得奇怪，瑞克·欧文斯宣称："有时我觉得我的衣服有阿玛尼的特质，任何人都可以穿。如果能有这样的一面就好了，这是一件值得去做的事情。"但这是他的衣服吸引人的一个重要部分：蓝色朋克摇滚旁边有个性和人性。正如他所说，"经典总是成立的。回到以精准为基础的纸样裁剪，当我在艺术学校的时候，他们会鼓励你立刻抽象化周围的一切。但是很多孩子都不会画画，他们怎么能做到呢？从根本上说，我认为你必须了解规则，才能知道如何打破规则。"而这似乎是瑞克·欧文斯正在做的。

魏吉娜写给瑞克的信

我最亲爱的瑞克:

是不是很奇怪，前几天我还在想我在 *Fertile La Toyah Jackson* 杂志的旧公寓里举办的茶会，就在好莱坞大道旁的格雷斯街上，你的装饰艺术风格公寓的街对面。你还记得那场“夜会”么？那还是 20 世纪 80 年代，我跟身材矮小的法国鞋履设计师伯纳德·菲格罗亚有一小段恋情。你人很好，开车载我们和伊利娅，去往那所藏在时髦之城最深处的迪斯科酒吧，结果他们一进门就抛下我俩。

我很爱你格雷斯街上的那套旧公寓，墙上覆盖着孔雀羽织物。我喜欢（回忆）汤姆·福特在山间拜访大卫·霍克尼时候的情景，那时我们都还坐在公寓墙壁开裂的角落里。一幢位于富兰克林大街拐角处的华丽别墅，那曾是塞西尔·B. 戴米尔名下的产业，也是变装皇后女王迪万故去的地方。

我还记得那时候跟她一起逛好莱坞大道上的一家名叫“玩伴”的商店的廉价区和专营男士性感内衣的服饰店，店名叫“乔治开的”， 迪万买了一件有佩斯利花纹的透视对襟长衫。然后我们一起去卡汉加走廊一带的几个酒吧逛了一圈，柠檬汁俱乐部、我的地盘、鲍勃的嬉戏 2、萤火虫（酒吧名），在这些酒吧里，每一刻都情绪激昂、热情如火。那一夜的最后一站是一个名叫“聚光灯”的福利酒吧，也被称为“聚光灯小酒馆与酒店商场”。

我想瑞克 · 卡斯特罗，那个坏瑞克，这名字是我给他取的。

“聚光灯”的好处是，像我们这样的酒鬼可以在早上 6 点开门的时候，溜过去来一杯鸡尾酒给自己醒醒神。最可爱的苏格兰裔调酒师杰瑞会做烈性伏特加螺丝。因为我一直没学会开车，只能坐公交车通勤，所以一直活在烂醉如泥的状态里也没关系。回想 20 世纪 80 年代，总有一只杜宾犬或是德国牧羊犬会像人一样坐在酒吧椅上，而那些花名叫“蜘蛛”或“眼球”之类的、像小动物名字的、粗鲁的“小浪蹄子们”也会在这里突然撕打起来。

晚上有时会有一辆救护车停在前面。这里是我们的“殖民地房间”（译者注：指伦敦艺术家会员制私人俱乐部）或马克斯的堪萨斯城（译者注：指纽约前卫艺术俱乐部），属于这里的生物们聚集在这里，
比如罗娜西，你是不是也曾经被他迷住过？
这里有一位女神兔子，总有一个小男孩推她的轮椅，如果没有，她就用踢脚舞鞋把轮椅向后推。当肯布拉·普法勒和她的乐队凯伦·布莱克性感恐怖乐队在镇上的时候，她会在停在门口的汽车上做模特，将自己漆成蓝色。
还有格拉迪斯·梅与她儿子史蒂芬，以及他的男友杰夫·贾德（也叫 Joli），有时候他们会从头到脚穿一身穆勒(品牌)，身上喷了娇兰的伟之华香水。
杰夫后来为你的每场秀做了秀场音乐。

“聚光灯”酒吧也是你跟米歇尔·拉米早年约会时的最后一站，那时她的偶数咖啡馆正在几个街区之外筹建。当然，我也会跟格伦达一起去。你还记得吗？有一次格伦达通过扩音器对着一个被绑住、堵住嘴的客人的耳朵高歌，这个客人被倒挂在印有安托瓦内特夫人画像的天花板上。我记得赫尔穆特·牛顿应该拍过一张照片，不晓得放在了哪里……

当然，我永远不会忘记，那一次，我离开我在卡尔纳克神庙酒吧附近的公寓，酒吧的外立面有着传统埃及塔桥样式。我接上你一起去“罗斯克的鸡肉与华夫饼之家”吃晚饭，然后我们又去了“聚光灯”酒吧。小理查德跟他的一队人马停在一辆白色豪华轿车前，他的一个助手示意我走到车窗前，
他自己探出头来，递给我一册他的签名版新书，他说这是他最新的畅销书，上面还有他的照片。小理查德总是用颜色过浅的粉底液，这让他看上去脸色苍白。当我们走进酒吧打开书才发现，这只是一本《圣经》。

爱你，吻你。
魏吉娜·戴维斯
霍汉索伦家族的公主
于柏林 2010 年

名词翻译表

David Hockney:
大卫 · 霍克尼，画家。
Edith Head:
伊迪丝 · 海德，好莱坞戏服设计大师。
David Lynch:
大卫 · 林奇，电影导演、音乐人。
Madeleine Vionnet:
玛德琳 · 薇欧奈，传奇时装设计师。
Mariano Fortuny:
马力亚诺 · 福图尼，艺术家、设计师。
Diptyque:
蒂普提克，法国香氛品牌。
Gummo:
1997 年上映的美国电影《奇异小子》。
Porterville:
波特维尔，地名。
Lynyrd Skynyrd:
林纳德 · 斯金纳德，美国南方乐队。
Claude Montana:
克劳德 · 蒙塔纳，演员。
Thierry Mugler:
蒂埃里 · 穆勒，时装设计师。
Gustav Mahler:
古斯塔夫 · 马勒，作曲家、指挥家。
Annie Leibovitz:
安妮 · 莱博维茨，美国著名摄影师。
Kembra Pfahler:
肯布拉 · 法赫勒，演员。
The Band The Voluptuous Horror of Karen Black:
凯伦 · 布莱克性感恐怖乐队。
Giorgio Armani:
乔治 · 阿玛尼，意大利服装设计师。
Jo-Ann Furniss:
乔安 · 弗尼斯，*Arena Homme Plus* 杂志创始人、时装记者与编辑。
Bernard Figueroa:
伯纳德 · 菲格罗亚，法国鞋履设计师。
Tom Ford:
汤姆 · 福特，美国设计师、导演。
Cecil B. Demille:
塞西尔 · B. 戴米尔，美国导演、演员。
Divine:
迪万，洛杉矶的男演员哈里斯 · 格伦 · 米尔斯特德的艺名。
Cahuenga Corridor:
卡汉加，洛杉矶主城区的一个片区。
Ron Athey:
罗恩 · 阿西，行为艺术家。
Goddess Bunny:
女神兔子，桑德拉 · “桑迪” · 克里斯普（Sandra “Sandie” Crisp）的艺名。
Michèle Lamy:
米歇尔 · 拉米，瑞克 · 欧文斯的伴侣。
Little Richard:
小理查德，即理查德 · 维恩 · 彭尼曼（Richard Wayne Penniman），美国摇滚歌手、作曲家。
Iggy Pop:
伊基 · 波普，朋克教父。
Francesco Bonami:
弗朗西斯科 · 博纳米，意大利艺术策展人。
Jean-Antoine Houdon:
让 · 安东尼 · 乌东，法国古典主义雕塑家。
Charles Willson Peale:
查尔斯 · 威尔逊 · 皮尔，美国艺术家、自然主义者。
Peter Cushing:
彼得 · 库欣，英国演员。
Christopher Lee:
克里斯托弗 · 李，英国演员、歌唱家。
Vincent Price:
文森特 · 普莱斯，英国恐怖片演员。
Billy Wilder:
比利 · 怀尔德。
Jean-Antoine Houdon:
让 - 安托万 · 乌东，法国雕塑家。
Jean-Michel Frank:
让 - 米歇尔 · 弗兰克，墨西哥电影导演、编剧、制片。
Paul Virilio:
保罗 · 维里利奥，法国哲学家、城市建筑家。
Helmut Berger:
赫尔穆特 · 伯格，奥地利演员。
Neil Young:
尼尔 · 杨，美国民谣歌手。
Luchino Visconti:
卢奇诺 · 维斯康蒂，意大利导演、制片人。
Karl Lagerfeld:
卡尔 · 拉格斐，时装设计师。
Hedi Slimane:
艾迪 · 斯理曼，时装设计师。
Thom Browne:
时装设计师。
Birkenstock:
德国户外凉鞋品牌。
Armand Jean Du Plessis De Richelieu:
阿尔芒 · 让 · 迪普莱西 · 德 · 黎塞留，17 世纪法国政治家、外交家。
Olivier Zahm:
奥利佛 · 萨姆，*Purple Magazine* 杂志主编。

Marcel Proust:
马塞尔 · 普鲁斯特，作家。
Huysmans:
于斯曼，法国 19 世纪著名作家。
Martin Margiela:
马丁 · 马吉拉，比利时时装设计师。
Ann Demeulemeester:
安 · 迪穆拉米斯特，比利时时装设计师。
Calvin Klein:
卡尔文 · 克莱恩，美国时装设计师。
Marc Jacobs:
马克 · 雅可布，美国时装设计师。
Comme Des Garçons:
法语，意为“像男孩一样”，川久保玲的时装品牌。
Yoji Yamamoto:
山本耀司，日本时装设计师。
Revillon:
莱维安，法国皮草时装屋。
Helmut Lang:
赫尔穆特 · 朗，时装设计师。
William Burroughs:
威廉 · 巴勒斯，美国作家垮掉一代创始人。
Timothy Leary:
蒂莫西 · 利里，美国心理学家、作家。
Anton Lavey:
安东 · 拉维，演员。
Ron Athey:
罗恩 · 阿西，美国艺术家。
Candy Darling:
坎蒂 · 妲玲，美国 20 世纪著名的变性人演员。
Camp:
坎普，带有“豪华铺张的、夸张的、装模作样的、戏剧化的、不真实的”和“带有女性气息或同性恋色彩的”的双重含义。
Frank Lloyd Wright:
弗兰克 · 劳埃德 · 赖特，美国建筑师。
Oscar Niemeyer:
奥斯卡 · 尼迈耶，全名奥斯卡 · 比贝罗 · 德阿美达 · 尼迈耶 · 索阿雷斯 · 菲荷（Oscar Ribeiro De Almeida Niemeyer Soares Filho），巴西建筑师。
Yves Saint Laurent:
伊夫 · 圣罗兰，法国传奇时装设计师。
Christian Laceoix:
克里斯蒂安 · 拉克鲁瓦，法国传奇时装设计师。
Art Nouveau:
新艺术运动，19 世纪末 20 世纪初发生在欧洲和美国的艺术运动。
Concordia:
康科迪亚，意大利地名。
Andrei Molodkin:
安德烈 · 莫洛德金，俄罗斯艺术家。
Joseph Dirand:
约瑟夫 · 迪兰，法国建筑设计师。
Galerie Orel Art–Galeries & MusÉEs:
奥雷尔艺术画廊 - 画廊和博物馆，蓬皮杜艺术中心附近的一家画廊。
Rue Quincampoix:
坎康普瓦大街，巴黎左岸著名街区。
Studio Berçot:
贝尔考特工作室，法国巴黎三年制本科时装设计学院。
Bush:
此处指小布什总统，艺术家曾经以他的形象创作过一系列作品。
Alexander Rodchenko:
亚历山大 · 罗德琴科，俄罗斯结构主义美术家。
Rue Des Petites Ecuries:
小马棚街。
Jacques Émile Ruhlmann:
鲁赫曼，法国设计师。
Robert Mallet-Stevens:
罗伯特 · 马莱 - 史提文斯，法国装饰艺术大师。
Gaetano Pesce:
加埃塔诺 · 佩谢，意大利家具设计师。
Dodie Rosenkranz:
杜迪 · 奥森克兰茨，社交女王，高级定制时装与艺术家的赞助者。
Tony Duquette:
托尼 · 杜奎特，电影艺术家、室内设计师。
Sarah Bernhardt:
莎拉 · 伯恩哈特，法国女演员。

图书在版编目（C I P）数据
瑞克·欧文斯 / (美) 瑞克·欧文斯 (Rick Owens) 等编 ; 周义译 . -- 重庆 : 重庆大学出版社 , 2024.5
（万花筒）
书名原文 : Rick Owens
ISBN 978-7-5689-4294-2

Ⅰ . ①瑞… Ⅱ . ①瑞… ②周… Ⅲ . ①服装设计－作品集－美国－现代 Ⅳ . ① TS941.28

中国国家版本馆 CIP 数据核字 (2023) 第 247229 号

瑞克·欧文斯
RUIKE OUWENSI
[美] 瑞克·欧文斯 (Rick Owens) 等／编
周义／译

策划编辑：张维
责任编辑：张维
责任校对：谢芳
责任印制：张策

中文版
书籍设计：马仕睿 @typo_d

重庆大学出版社出版发行
出版人：陈晓阳
社址：(401331) 重庆市沙坪坝区大学城西路 21 号
网址：http://www.cqup.com.cn
印制：天津裕同印刷有限公司

开本：720mm×1020mm 1/16
印张：20
字数：272 千
2024 年 5 月第 1 版
2024 年 5 月第 1 次印刷
ISBN 978-7-5689-4294-2
定价：199.00 元